猫咪这样吃
又更健康

Dr. Ellie · 著

U0281121

电子工业出版社.
Publishing House of Electronics Industry
北京 · BEIJING

推荐序

　　还没和 Dr. Ellie 共事之前，就曾听说有一位兽医热衷研究宠物营养学。那时候，我对这位兽医相当佩服，她居然决定选择这条路，同时也觉得她一定会走得很辛苦！因为这个专业在亚洲相当冷门，完全不被重视，很多宠物家长甚至兽医，总是不太重视营养学，大家的心态常常是：我喂家中的宠物吃什么，它们就得吃什么，只要肯吃、愿意吃就好！反正它们"看起来"很健康，完全没有生病的样子。不需要跟我讨论营养学，只要告诉我哪一种饲料比较好吃就行了。

　　还记得我上大学读兽医系的时候，根本没有任何关于宠物营养学的课程。我带着对营养学的一无所知进入临床工作，每当有宠物家长问我关于宠物营养方面的问题时，我总是哑口无言。试想，在国内及亚洲，连基础教育课程都不重视营养学，兽医哪有办法帮助宠物家长让宠物吃得健康、吃得均衡呢？更别说去预防因为营养问题而衍生出来的各种疾病了。

　　如今，身为世界小动物医师协会（WSAVA）亚洲代表的我，每年到世界各国开会，与会的欧美代表都是由各个国家教育部门认证过的宠物营养学专科医师及营养学博士。在欧美一些大型的教学医院里，都必须配备专门的宠物营养学专科医师。在那里，他们可以不用给动物做手术，但是必须懂得营养与各种疾病的关联性，并提供他们的专业评估给兽医和宠物家长，以协助宠物疾病的治疗，就像人类的营养师一样。

　　但是在中国台湾，身为兽医，如果只做宠物营养学这一个领域的话，根本没有人会聘请你，所以你可能因没有收入而养不活自己！这也就是为什么我会如此佩服 Dr. Ellie 的精神和勇气，她愿意在做临床的同时又研究宠物营养学。

身为一个猫家长兼猫医师，我对于猫咪营养需求的定义是：猫咪只不过是被圈养在家里的"老虎"，猫家长必须考虑到猫科动物的进食习性及营养来源的独特性，千万别只把它当成小型犬来养，否则将会导致极为严重的健康问题。

在我的宠物诊所里，每天都会遇到因为进食方式不当、营养需求不均衡、喝水量不足等问题而衍生出严重疾病的猫咪。除了当时治疗紧急的问题，接下来要花很多的时间跟猫家长沟通，帮助他们改变猫咪的饮食内容及喂养习惯，以防问题再次发生。

很开心 Dr. Ellie 这本书里涵盖了猫家长必须具有的常识，同时简洁有力地介绍了常见问题及解决方法。除此之外，我更推崇她对老猫的尊敬，文中写道："只要是生物，都有老去的一天……有些猫咪会变得比较固执，不喜欢的事情就会坚决地表示不喜欢，也不想妥协了，家有老猫，请尽量顺从它的顽固……"读完这段话，再回头看看我家的老猫，我都快哭了。

研究宠物营养学是一条很辛苦的路，我希望我的学妹 Dr. Ellie 能够坚持走下去，让我在遇到宠物营养问题的时候，有人可以讨论。对宠物家长而言更是如此，也许很容易能找到兽医来看病，但是要找到既懂临床又懂营养学的兽医并不容易，Dr. Ellie 绝对是宠物们的天使。

加油！

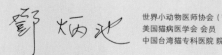

世界小动物医师协会（WSAVA）亚洲代表
美国猫病医学会 会员
中国台湾猫专科医院 院长

作者序

　　自 2016 年 10 月出版我的第一本书——《狗狗这样吃最健康》后，我便立刻与我的编辑兴高采烈地讨论，想马上开始着手撰写一本关于猫咪营养学方面的书籍。我们花了大约半年的时间，从筹划、构思到完成整本书，非常不容易。在此，我要特别感谢我的高效率团队：编辑斯韵，插画师佩珊、筱帆，以及美编 Vicky。

　　在我的诊所里，猫咪与小狗的病患各占一半，慢慢地，我甚至发现猫咪病患开始有超越小狗病患的趋势。因为猫咪数量在上升，人与猫咪的联系越来越紧密，人们也更加重视猫咪的医疗保健。如今，猫咪高龄化的社会逐渐形成。对于猫咪，我们希望更多地了解它，这样才能给予它更多照顾。

　　宠物饮食一直是我最关心的话题，我深信猫咪只要吃得健康、天然，并且过着无忧无虑的生活，它们便能远离病痛的折磨。秉持这样的信念，我一直鼓励我的病患家长，以及所有能理解鲜食、同时愿意深入了解宠物营养学的宠物家长，多花一些时间来了解猫咪的需求。学习猫咪饮食营养学的知识后，我们可以依照专业医师设计的鲜食食谱准备食物，然后做给猫咪吃。如此一来，我们才能确保所有吃鲜食的猫咪可以及时获取其所需的养分，让鲜食为猫咪的健康加分。

　　一些猫咪病患，在患病的时候，常常会胃口不佳、食欲尽失。与其看着猫家长独自彷徨无助，四处寻找猫咪愿意吃的罐头或猫粮，我更希望能与大家分享自制美食，以解决猫咪"不愿进食"的问题。

尤其是对于老猫家长来说，早一些了解你的猫咪的饮食喜好、经常学习关于猫咪营养学的知识、准备好对应的疾病饮食食谱，将能帮助猫咪有效地对抗病魔，使其渡过难关。本书中不仅罗列出了适合健康猫咪的新鲜、天然的四季佳肴，也准备了我在做营养咨询时设计的几种猫咪常见疾病的配方食谱、厌食猫咪的灌食妙方，供各位猫家长参考。

在撰写这本猫咪应该怎样吃的书时，有别于《狗狗这样吃最健康》缤纷跳跃的风格，我将半年来书写时内心的恬静、舒适诉诸文字，想象着心爱的猫咪微笑地躺卧在洒满阳光的窗前，沉沉睡着的模样。

有美食、暖阳相伴，那是我所能勾勒出的猫咪最幸福的生活画面。于是，我和编辑一致认为，这将是一本温暖的、清新的书，是我想献给猫咪的一份珍贵的礼物。

愿美食、暖阳带给猫咪无忧的生活，让它和猫家长互相依偎，缓步踏上下一个十年的旅程。

希望你们喜欢这本书！

Dr. Ellie

谨以此书，献给我那爱猫成痴的编辑好友

及所有视猫咪如亲人的家长

CONTENTS

Chapter 1 | 猫咪的营养学概念

Chapter 2 令人安心的猫咪厨房

CONTENTS

Chapter 3 给猫咪一整年的健康料理

Chapter 4 猫咪生病期间的营养、饮食与照护指南

执 猫 之 爪 ， 与 猫 偕 老

这种可爱的小兽，无意间闯入了我们的生命中，
给我们带来了许多乐趣，使我们的生活更加缤纷多彩。

一只猫咪，与我们相伴走过它一生中最重要的时光。
当猫咪步入熟龄期时，它将面临许多身体代谢的变化。
静静凝望它清澈的眼眸，轻抚它嘴边的几丝胡须，
请暗自在心中提醒自己：
放宽心，放慢步伐吧！

从现在开始，我将和你一起尽力了解你的猫咪，
学习以猫咪的生活哲学细细品味四季的变化，
感受每一分老化带给猫咪的全新体验，
携手走向生命最绚烂的时刻。

Chapter 1

猫咪的营养学概念

把岁月带来的种种变化当作礼物，

了解你的动物伙伴身上发生的生理变化，

用完善的营养学概念与照顾方式，应对猫咪的问题，

微笑着接受它，细心地呵护它。

/一/ 从营养学的角度欣赏猫咪 🐾

遇见猫咪，遇见更好的自己

当你越深入地认识猫咪时，就越会觉得这个小家伙是多么的不可思议！猫，是人类身边体形较小、较精灵的肉食动物。它们究竟是为了什么，才逗留在我们身边呢？

人类与猫咪的缘分，开始于古埃及时代。也许是因为猫咪的好奇心，它们与人类有了第一次接触；也许是为了追逐鼠类，它们闯入了人类的城市，慢慢地、不经意地，人类和猫咪之间找到了可以互相依偎的生活方式。

我总是很珍惜与猫咪和谐共处一室的宁静片刻。当我遇见一只猫咪时，身段便不自觉地优雅起来。当我与猫咪互动时，总是谨慎地以礼相待，坐姿端正，同时在心底暗暗猜测彼此间合适的距离，以便拿捏好分寸。当获得猫咪许可后，我便缓缓伸手相迎，或者有时只能静静凝视，接受它的安排也是一种安稳的交流。

认识彼此间的不同

人和猫咪接触得越多，就好像越懂得欣赏和尊重个体之间的差异了，这大概是因为在日常生活中，人们能领悟到，身边的这个小伙伴确确实实就是一个截然不同的小生物吧！肉食的特性，缓慢、慵懒的生活节奏，偶尔散发出的狩猎者的气息，因为近距离感受过猫咪的独特性，才使人萌生出彼此来自不同星球的错觉。

> **来自猫星的你**
> 食肉目、猫科、猫属，古埃及时代被驯化，严格的肉食特性。

感官能力的不同：
有灵敏的嗅觉、听觉与动态视觉，却没有甜味觉

猫咪拥有荒野中独行的猎人所梦寐以求的"装备"，它们能寂静无声地快速移动，等到靠近目标时瞬间发动攻击，让猎物们措手不及。

靠着天生灵敏的嗅觉、听觉、视觉

与颜面触须传来的感觉，猫咪即使在黑暗中也能游刃有余地追捕猎物。除了能听到比人类更高频的细微声响，它们的眼睛可以轻易察觉移动中的物体，用32条细小肌肉协调耳朵方向，准确定位目标。拥有这些特殊的技能，要说猫咪是一只小型的猎豹也不为过。

猫咪的味觉较人类迟钝，味蕾的数量比人类的少，无法细致地去"品尝"食物的味道，这也是肉食动物的特性之一！它们能感受肉的鲜味、咸味，而几种味觉中，尤其对苦味特别敏感。

喂过猫咪吃药的猫家长都知道，猫咪一吃到苦味的药，口中会一直吐泡泡，甚至作呕，反应非常剧烈。这是因为生物本能地认为带苦味的东西，很有可能是毒物；对苦味敏感，能保护猫咪避开意外中毒，是很重要的防卫机制。

另外，猫咪完全没有享受甜食的味觉，它们不具备探测甜味的味蕾。正因如此，到宠物医院为猫咪看病的家长会获得一包胶囊，他们可以快速地把胶囊喂给猫咪，不让一丁点儿苦味惊吓到猫咪。而爱吃甜食的小狗，就可以分到糖

浆制剂的配药。

消化构造的不同：
简单的消化系统

如果你曾深入了解过猫咪的嘴巴，必会惊讶，并对它们精简而充满巧思的口腔结构叹为观止。

猫咪拥有 30 颗尖锐、排列整齐的牙齿，因为猫咪真正的天然食物不含有太多需要费功夫研磨的纤维。猫咪的上下颚每侧各只有一颗臼齿，颚关节只能像剪刀一样上下开阖，不能像牛或羊那样左右挪动下巴咀嚼粗硬的纤维。再细看猫咪牙齿的形状，犬齿非常尖锐，并微微弯曲着，后排的臼齿也都是尖的，跟杂食动物极为不同！这种结构除了方便撕破肌肉组织，还可以直接刺穿、咬断猎物的脖子。猫咪的舌头中央长了一些倒刺，平日里这些倒刺像梳子一样被用来整理毛发，而在吃饭时，猫咪则会用它们来刮下附着在骨头上的碎肉，这都是肉食动物特有的本领。

跟小狗和人类相比，猫咪的胃容量明显更小，延展性也差，因此不能在短时间内进食太多的食物。当猫咪抓到一只老鼠时，大快朵颐之后，其获得的热量大约仅仅是一只正常体形成猫一天所需热量的十分之一而已。一直以来，猫咪的进食习惯就是少量多餐的形态，每次只吃一点点，边吃边玩，一天分好几次，不疾不徐、随性而吃，慢慢补充一天所需的热量。

猫咪的肠道结构没有杂食动物、草食动物那么复杂。猫咪的肠道是专门用来消化肉食的，除肠道容积较小之外，吸收力也比小狗的肠道差，不擅长处理复杂的食物。肠道里的消化酶含量较少、肠上皮合成精氨酸、瓜氨酸的量也少，更别提消化糖类的酶了，例如消化乳糖的酶在猫咪成年后分泌浓度会骤降。因此，跟杂食动物比起来，猫咪真的不应该进食太多的糖分，若让它们进食过多的碳水化合物，则会引起消化不良。

能量代谢方式的不同：
血糖来自蛋白质

猫咪的能量代谢方式跟一般动物的不同，因为其肝脏中的葡萄糖转化酶活性很低，不能依靠糖类来提供热量，也无法吸收短时间内大量摄入身体的糖分。

猫咪主要利用脂肪，或者通过肝脏分解蛋白质获取热量、维持血糖稳定。猫咪的肝脏中转化蛋白质获取热量的酶功能很强，就算没有蛋白质可以转化，这些酶也会持续运转，因而造成肝脏疾病。所以，猫咪的食物绝对不可以缺少蛋白质，一旦缺乏，后果绝不只是造成营养不良这么简单，而是可能有致命的危险。

生活模式的不同：少量多餐、自由自在

在讲解消化器官时，我们提过猫咪的胃容量较小，饮食模式最好采取少量多餐，不像小狗那样可以间断喂食。因此，猫家长们应该可以理解，正常猫咪的睡眠与进食时间，本来就没有固定的节奏，不太能养成"日出而作、日落而息"的习惯。有的猫咪晚上也会起来吃饭，当有狩猎或游戏的机会时，它们一时兴起就会在大半夜里自得其乐好一阵子，这就是我们深爱的猫咪。如果你能理解这一点，那么就别当那个不解风情的室友，别去破坏猫咪悠闲自得的生活兴致哦！

个性上的不同：带有一点点偏执的可爱性格

猫咪是固执而念旧的动物，这种个性在挑选食物上展露无遗！猫咪在出生后半年内接触过的食物，影响着它之后的饮食喜好，就像人会特别爱家乡的味道一样，那是一种吃了会感到幸福的滋味。换句"猫话"说，就是一种可以安心进食的感觉。

猫咪慎重的个性与天生的警觉性，让我们必须时刻提醒自己，在准备猫咪的料理时，如果想尝试新的菜单，必须加倍付出耐心，花上一段时间，才能让它们习惯（请参考第 76 页"渐进换食——让猫咪跟新食物培养感情"这一小节的内容）。猫咪遇到没吃过的东西或新的食物，会担心有危险，转化成人类的语言来说，它们可能想问你："这是什么东西？怎么会出现在我的餐盘里？"

猫咪如果觉得食物有问题，那么它可能会把食物全都吐出来。小心翼翼的它们宁可不吃，也不愿意冒险。只要食物或水有一丁点儿不新鲜，或者在冰箱里沾染了其他食物的气味，甚至哪怕只是食物没有温热，猫咪也不会吃。

这就是猫咪，和它那带有一点点偏执的可爱性格。

1-2 肉食者的营养课题 🐾

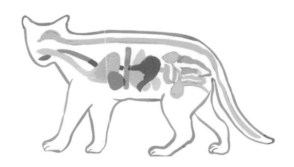

　　好了，看到这里，如果你没有被吓跑，仍一心想着要自制新鲜猫食献给你的猫咪，那么，从现在起，请抛弃一切人类的成见，带着坚定的决心继续阅读下去，并且随时做笔记，做一位认真学习的猫星实习厨师吧！切记！如果尚未做好进入猫星厨师界该做的功课就粗鲁尝试，反而会让你的猫咪吃到营养极度不均衡的食物。如同前面提到的，猫咪身为绝对的肉食动物，其代谢方式与一般动物不同，所以在准备猫咪的食物时，必须特别注意以下这些营养课题。

课题 1　绝对要有充足的蛋白质

　　蛋白质对绝对肉食动物而言极为重要，一般成猫需要的蛋白质大约是小狗的两倍分量，因为它们必须不断分解蛋白质以维持血糖浓度并获得热量，另外，蛋白质也是提供氨基酸的来源。

　　在组成蛋白质的众多氨基酸中，**请特别注意猫咪的精氨酸、牛磺酸的需求量**。某些动物性食材，如肌肉肉组织、内脏组织，可提供猫咪需要的精氨酸与牛磺酸。猫咪如果无法摄取到充足的精氨酸，将使血氨无法顺利代谢成尿素排出，2～5小时内就可能因血氨浓度过高而毙命。过去也曾发生过因猫食商品中的牛磺酸不足，导致许多猫咪患心脏病死亡的例子，请特别注意这些藏在猫食细节中的"魔鬼"。

课题 2　一定要吃动物油

花生四烯酸是一种调节体内免疫反应的重要不饱和脂肪酸，猫咪的肝脏中负责协助获得花生四烯酸的转化酶，其工作效率没有杂食动物的高，因此猫咪必须通过猎食小动物，直接取得猎物身体里储存的花生四烯酸。

课题 3　注意维生素 A、维生素 D、维生素 B_3、维生素 B_6 的补充

猫咪消耗维生素 B_3（烟酸）、维生素 B_6 的速度比一般动物快，必须通过食物摄取。此外，猫咪不能将植物中的 β–胡萝卜素直接转化成维生素 A，也无法和人一样依靠晒太阳使皮肤通过紫外线的照射来合成维生素 D。

这是属于猫咪的维生素课题，饮食中一定不能缺少。

猫咪是……
肉食动物
单独猎食者
少量多餐采食者
新鲜肉食者

1-3 猫咪健康生活的秘密 🐾

经过前面的介绍，我们已经清楚猫咪具有独一无二的特性了，但理解只是一个美好的开始，想让猫咪一直健康到老，避免受到诸多疾病的影响，还有一些每日必做的功课，你得谨慎按计划执行，绝对不能偷懒，365 天都要做到。

现在，我要和你分享维持猫咪健康的秘密了。

秘密 1　每天注意猫咪有没有喝足够的水

永远别让你的猫咪处于脱水状态！别以为看到猫咪在喝水，就觉得它不可能会脱水！我在接诊时，常常会在猫咪身上找到脱水的证据。有的猫家长听到猫咪是因为水喝得不够而引发肾脏问题时，会第一时间脱口而出："可是我看到它在喝水啊！"显然，这些猫家长没有获得足够的知识，也没有做到每日的基本功课——确认家里猫咪每日喝的水量是否真的足够。

事实上，如果是以干粮为主食的猫咪，就算每天看到它在喝水，它所喝的水量，很有可能还是不够的。

但是请别忘了，猫科动物是来自沙漠的生物，为了适应干燥的环境，猫咪天生有一对浓缩尿液功能很好的肾脏，同时大自然供应给猫咪的食物本就富含水分。猫咪天生的渴觉虽然不敏感，但在食物富含水分的前提下，就算水喝得不多，也不至于达到脱水的状态。

可是，吃干燥食物的猫咪，其状况就不一样了！一只老鼠身上的含水量达 60%～70%，跟鲜食差不多，而一般干燥食物的含水量只有 8%～10%，落差极大。

为了让大家更加清楚猫咪一天究竟应该喝多少水，我们一起做一个简单的计算。

 # 猫咪的体重（kg）乘以 50 ～ 60 = 猫咪一天需要喝的水量（mL）

如果一只猫咪重 4 千克，那么它一天所需水量就是 200 ～ 240mL。
已知这只 4 千克的猫咪每天需要的热量是 200kcal（大卡）。当它吃 1 克鲜食时，大约可获得热量 1kcal；吃 1 克干燥饲料，大约获得热量 4kcal。而鲜食含水量约为 70%，干饲料含水量约为 10%。

Q：这只猫咪分别需要吃多少食物，才可以满足一天的热量？

A：200 ÷ 1 = 200（克）
　　200 ÷ 4 = 50（克）
　　吃鲜食的猫咪，需要吃 200 克鲜食；吃干燥饲料的猫咪，需要吃 50 克饲料。

Q：这只猫咪吃东西时可以摄取到多少水量？

A：200 × 70% = 140（克），即 140mL
　　50 × 10% = 5（克），即 5mL
　　★以 1 克水近乎 1mL 估计
　　吃鲜食的猫咪可以摄取到 140mL 水；吃干饲料的猫咪可以摄取到 5mL 水。

Q：这只猫咪还需要额外喝多少水才可以满足一天的水分需求呢？

A：200 － 140 = 60（mL）
　　240 － 140 = 100（mL）
　　200 － 5 = 195（mL）
　　240 － 5 = 235（mL）
　　吃鲜食的猫咪还需要喝 60 ～ 100mL 水；吃干饲料的猫咪还需要喝 195 ～ 235mL 水。

 # 由此可知，吃干饲料的猫咪，一天需要额外多喝很多的水，才能满足它的水分需求！

我在接诊时常带着猫家长一起计算，计算完之后大部分人会由衷地感到惊讶，因为几乎没有人能肯定自己的猫咪一天会喝够大约 200mL 水，这就好比把一个小型保温杯里的水全倒进猫咪的肚子里一样。

大家都有口渴的经历吧？当你喝水不够时，会觉得口干舌燥、很不舒服，这是身体探测到水分摄入不足的警告机制，于是我们会起身为自己倒杯水喝，实时补充身体缺少的水分。

可是猫咪不一样！它们的渴觉中枢比人和小狗的要迟钝很多，在身体缺水好长一段时间后，才会想到要喝点水。长期下来，猫咪身体缺水将造成非常严重的问题。这也是现在的猫咪罹患肾脏病、膀胱炎、结石病的比例会这么高的原因。

我遇到过一些认真的猫家长，了解这个状况后开始每天盯着猫咪喝水，想要确保猫咪水喝得够多。所谓盯着猫咪喝水，当然不可能是 24 小时守在猫咪身旁，记录猫咪喝了几次水、每次喝了多少水。

这里教大家一个小技巧：请准备数个适当容量的水碗和一个量杯（在医院我们会使用针筒），每天在固定的时间里，盛装固定的水量，并在固定的时间点将剩下的水收集起来，测量剩下的水量，连续记录 24 小时后，在水没有被打翻的情况下，大概可以知道猫咪喝了多少水，这个方法非常简单。

测量猫咪喝了多少水的小技巧

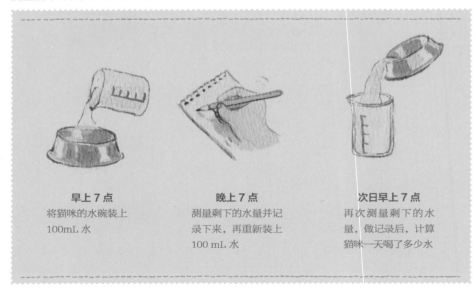

早上 7 点
将猫咪的水碗装上 100mL 水

晚上 7 点
测量剩下的水量并记录下来，再重新装上 100 mL 水

次日早上 7 点
再次测量剩下的水量，做记录后，计算猫咪一天喝了多少水

每到冬天，因为天气寒冷，猫咪就更不会主动去喝水了，我的诊所里常常有许多不爱喝水导致泌尿系统疾病的猫咪前来报到。有些上了年纪的老猫咪，它们的渴觉更加迟钝，喝水量也随之减少。这时，猫家长们就有必要主动喂猫咪喝水，或增加含水量多的食物。如果试过下面提到的方法后仍束手无策，猫家长也可以寻求医师的协助，通过输液补充水分。

引诱猫咪多喝水的小诀窍

- 使用不会反光的容器。
- 使用大一点儿、宽广一点儿的容器。
- 确保水碗出现在家中多个绝佳的地点：安静的地方、猫咪躲藏的基地、远离猫砂盆的位置。
- 试试各种不同来源的水：瓶装水、过滤水、煮沸的自来水、蒸馏水。
- 有些猫咪爱喝冰凉的水，请在水中加一颗冰块试试。
- 供应"猫果汁"在水中：低盐分的鸡胸肉清汤、低盐分的牛骨汤、低盐分的鲜鱼汤。
- 制作带有淡淡肉汤味的冰块，放在家中各个角落的容器中。
- 故意让水龙头滴水（但要记得定期清洁水龙头）。

水分在动物身体里必须保持稳定的平衡。 在知道猫咪一天究竟喝了多少水之后，我们也得知道猫咪一天究竟排出了多少水分。猫咪排出水分的主要途径就是排尿，另外其他比较特殊的情况，像呕吐、拉肚子、过度喘气等，也会造成水分流失。

一般情况下，猫咪的排尿量要等于喝进去的水量，这样有进有出，身体内没有蓄积太多的水分，也没有过度流失水分，才算是拥有了绝佳的水合状态。

那么，我们要怎么知道猫咪一天排出了多少水分呢？很简单，只要每一次清洁猫砂盆时，顺手称一下新的干净猫砂的重量，然后在猫砂盆底下贴张纸条（或纸胶带），上面记录着几点几分的时候，这盆干净的猫砂的重量是多少。接下来，在铲猫砂之前，先清理掉粪便，再称一下有尿液的猫砂有多重，然后减去干净猫砂的重量，以 1 克尿大约等于 1mL 水来估计，就能知道猫咪大概排出了多少水分。

同样是连续记录 24 小时，然后计算一天的排尿量，再跟 24 小时内喝的水量比对一下：如果数值相近，就是最佳状态了；如果排尿量比喝水量多，那么就得增加喝水量，这样猫咪的体内才不会缺水。

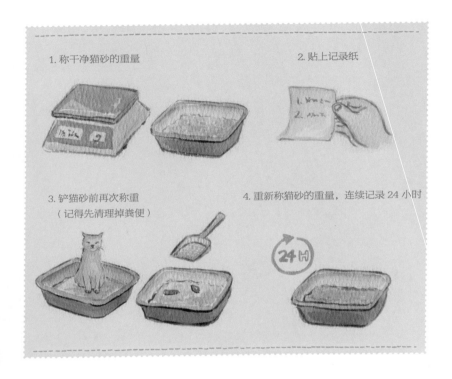

1. 称干净猫砂的重量

2. 贴上记录纸

3. 铲猫砂前再次称重（记得先清理掉粪便）

4. 重新称猫砂的重量，连续记录 24 小时

猫咪的泌尿系统疾病或结石问题，除了压力、饮食等原因，其实跟尿液浓度有非常大的关系。若猫咪尿液中水分少，或排尿的频率低，尿液一直停留在膀胱里，就有可能让尿液中的结晶沉淀出来，形成结石。这就像盐度高的海水，盐分特别容易沉淀、析出，是一样的道理。

猫咪的泌尿系统疾病很常见，如果你不想让你的猫咪反复发生排尿问题，一定要特别注意猫咪的喝水量、排尿量。以干燥饲料为主食的猫咪，在食物中能获得的水分自然比吃主食罐、鲜食的猫咪获得的要少。有的猫咪靠人喂水又很难喝到足够的量，这时候可以试着添加一点儿肉汤、经常更换新鲜的水源、多摆几个水碗、使用流动饮水机，或者可以换成水分含量高的食物，这些方法请大家一定要尝试一下。

秘密 2　合适的营养

合适的营养是维护猫咪健康的基本要素，上了年纪的猫咪，在营养方面更是不能有一丝懈怠。猫咪是绝对的肉食动物，前面我们认识到猫咪与杂食性的动物有很多不同，其实这些不同都是为了让猫咪获得它们所需的营养。接下来，我们来看一看，什么样的食物才算得上是称职的猫食。

动物性食材为主，点缀一点点蔬果

一顿优良的猫食，至少含蛋白质30%DM（Dry Matter，即风干状态下），健康老猫的食谱中，则建议蛋白质占30%~45%DM，且至少一半来自动物性食材。

植物所提供的蛋白质，容易缺乏牛磺酸、肉碱、离氨酸、维生素 B_1、色氨酸、维生素 B_{12} 等重要营养素，而维生素 B_6 虽然在植物中含量较高，但猫咪对植物的消化吸收不好，多吃没有太大帮助。此外，猫咪也不能承受植物中过多的麸胺酸。

蛋白质中有几种特别重要的必需氨基酸，是猫食的重点评估对象，必须逐一检查。例如牛磺酸，正常体形的成猫一天须摄入 0.2 % DM 的量，才足以确保猫咪的健康；另外还有精氨酸、甲硫氨酸。不过，只要能确保

摄取充足的动物性蛋白质，这些氨基酸都不至于短缺。

成年以后，猫咪每餐油脂含量至少为 25%DM，其中属于 Omega-6 脂肪酸的亚油酸，以及属于 Omega-3 族群的 α-亚麻酸，两者的比例应维持在 5：1~22：1。

除了提供热量，脂肪中蕴藏着猫咪必需的脂肪酸，同时可协助脂溶性维生素的吸收。有别于其他动物能把亚油酸转换成花生四烯酸，以调节体内发炎的症状，猫咪因为缺乏转换所需的酶而无法顺利制造花生四烯酸，所以必须从饮食中摄取充足的花生四烯酸（在动物油中可以获得）。另外，Omega-3 脂肪酸族群中的 EPA 与 DHA 至少占猫咪食物的 0.01%DM，也多半得依赖动物性食材中的油脂提供，像鱼油的含量就很丰富。

人们喜爱的碳水化合物对猫咪而言并非必需品，而且也不太好消化。前面介绍过，猫咪是天生的肉食者，其胰脏分泌的淀粉酶只有小狗分泌的 5% 那么少，身体内的消化系统显然不能接受在短时间内摄入大量的碳水化合物。1991年的一项研究发现，当猫咪食物中含超过 40%DM 的碳水化合物时，它们就会开始出现许多消化不良的症状，如肚子

痛、腹胀、拉肚子、高血糖、糖尿等。所以，请注意猫咪只需要非常少量的淀粉、纤维，就足以维持它们的健康了。

然而，也不能完全排除碳水化合物中的纤维摄取，猫咪仍然需要吃一点儿纤维！除帮助肠胃蠕动，协助粪便结构稳固、能妥善将其排出之外，纤维也是保持猫咪肠道内菌群平衡的重要元素。有些猫咪随着年纪变大，肠蠕动也会变差，开始出现便秘的情况，此时食物中更不能缺乏纤维。一般猫咪食物中纤维建议 1% DM 以下，最多到 5%DM，但如果猫咪开始出现便秘，就应该视情况将纤维含量提高至 5%~10%DM。

其他的重要微量营养素，如维生素 A，因为猫咪肠道缺乏转化维生素 A 的酶，给猫咪吃再多的胡萝卜或南瓜，也没办法获得足够的维生素 A，这是猫咪跟小狗很大的不同之处。因此，不能期望猫咪可以靠吃胡萝卜就获得植物的类胡萝卜素来转化得到维生素 A。一份健康的猫食中，绝对要包含充足的维生素 A，每千克猫咪食物中至少含 1000 RE（视黄醇当量）的维生素 A。

美国国家研究院针对猫咪的营养需求公布了一套标准，详细列出了猫咪必需的氨基酸、脂肪酸、维生素、矿物质与抗氧化物的需求量。在设计猫咪食谱时，必须按照这套标准，将所有的营养素考虑进去，绝不只是给一份食材的比例，告诉大家肉加多少、菜加多少这么简单。

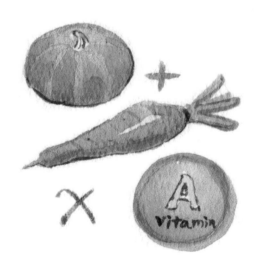

一般家庭想自制猫咪鲜食，请按照食谱配方制作。大家不可以任意更改菜单、更换材料，必要的营养品务必逐一核对后加入，若不这么做，鲜食极有可能给猫咪带来伤害，胡乱制作是最糟糕的。再次郑重声明，请务必下定决心，坚持准备猫咪 365 天的食物，这是最困难但也是维护猫咪健康最根本的方法。

制作一份健康的猫咪食谱，请注意

- 充足的水分：63％以上。
- 高质量蛋白质：30％以上，其中 45％来自动物性蛋白质。
- 适度的油脂：25％以上。
- 碳水化合物含量：10％ DM 以下。
- 一般来说，纤维 1％ DM 以下，特殊情况可往上增加，最多 10％。
- 拥有按照食谱准备猫食的无比决心。

有节制的点心

要让猫咪吃得营养均衡，还有一个环节要注意，就是点心的量一定不能太多。猫咪像个小孩子，当然只想吃好吃的东西，但是我们不能让它吃太多的零食，否则它会不吃正餐，这样一来营养就不均衡了。偏食、只挑好吃的点心吃，是绝对要严格管控的行为。**一天中所吃点心的热量不可超过每日热量的 10％**，若能以此为限，有时候适当给猫咪一些零食，讨好一下它们，不仅能增进情感，也能给猫咪带来好心情。

猫咪喜欢牛奶的香气，给它一点儿牛奶当饮料或下午茶是可以的。但猫咪如果喝多了牛奶，就容易拉肚子，这是因为正常猫咪在离乳期后，身体分泌用来消化乳糖的酶变少了。每只猫咪可以承受的限度不同，刚开始喂它喝牛奶的时候，记得要从极少量开始尝试，慢慢增加用量，渐渐就会摸索到你的猫咪可以喝的限度。

猫咪如果喝太多牛奶，牛奶中大量的乳糖没办法被好好消化，结果变成肠内细菌发酵的原料，乳糖发酵后产生气体，会造成它肚子胀气。这时，在医师的建议下吃一些乳糖酶可帮助消化，但重点还是——不要喂猫咪太多牛奶。

秘密3 舒适的环境与良好的习惯

长期生活压力大、居家卫生环境不佳，人会生病，猫咪也一样。

营造无忧无虑的减压生活

我们都知道，猫咪是非常纤细而敏感的动物，它们对事情的讲究超乎许多猫家长的想象，只要生活中出现一点儿跟以往不同的情景，就可能让它们耿耿于怀许久。同栋大楼有人在搬家、台风或打雷的可怕声响、家长擅自带猫咪不熟悉的人或动物回家、一点点食物上的改变、不一样品牌的猫砂、家里摆设被挪动过、猫咪被迫外出……种种人们眼中的芝麻小事，都可能是猫咪介意的大事，会造成猫咪心理上的压力，容易使它们出现心理疾病。

工作压力大的时候，有些人会患感冒或过敏发作，这是压力大造成身体抵抗力下降，所以身体忽然开始出现问题，猫咪也一样。处在高压状态下的猫咪，很容易生病，而它们又是善于隐藏身体病痛的动物，猫家长若不能及时发现病况，小病就可能发展成大病；有的猫咪因为心理上过度紧张，憋着不敢排尿或不去喝水，泌尿系统也会慢慢出现问题。

要如何帮助猫咪减压呢？首先，请细心观察。我们通过生活中的各种小事，其实都能看出猫咪在意什么，细心的猫家长应该熟知猫咪的个性。每只猫咪在意的事情不同，有些猫咪不拘小节，有些猫咪则小心翼翼，因此减压方法也不尽相同。

帮助猫咪适应，是很重要的减压方法。 慢慢让猫咪"习惯"这些变化，不会一遇到风吹草动就受惊吓。如果你的猫咪不欢迎客人或家族新成员，在猫咪适应这个人物之前，初期先以最低频率、最短时间邀请朋友到家中，并且陪伴你的猫咪。让猫咪跟客人有第一次的良性互动，不论直接接触与否，务必让猫咪与这些陌生的朋友经历一次优雅的相遇，之后再慢慢增加频率、延长接触时间。

通过温和的、渐进的模式，让猫咪去适应各种变动。一点儿一点儿地改变，会比忽然之间剧烈的变化，更容易让猫咪适应，让它觉得像呼吸一样自然，不会有压力。当有必要带猫咪出门时，先是5分钟、10分钟，再慢慢延长在外的时间，也可在提笼内带上猫咪喜爱的零食、布娃娃、毛巾等，试着让猫咪感到安心。

别忽视猫咪的需求，但也不必过度关心，维持和以往一样的互动模式，是一种平稳的幸福。有的猫咪爱撒娇，有的猫咪性子冷，无论你的猫咪是什么性格类型，就以你习惯的方式，适度去关心它吧！

有时猫家长过分忙碌，很久都没理会猫咪、没陪它们玩耍了，孤单、无聊的猫咪可是会产生心理疾病的。别忘了，合适的游戏与抚摸、帮猫咪梳梳毛、给它有趣的玩具或跳台，都是帮助猫咪减压的方法。

关注猫咪喜爱的气味，如猫草、猫咪费洛蒙与猫咪自己身上的气味，都是猫咪喜欢的味道。如果你的猫咪很排斥新买回的桌椅，那么可以让桌椅沾染上这些气味试试。搬家前，先拿些猫咪用过的猫砂摆在新家里，或者拿猫咪掉落的毛发撒在房间的角落里、用猫咪的毛团磨蹭新的家具。

无论你的猫咪多么深居简出，千万记得留一扇明亮的窗户给它，让它可以晒晒午后舒服的暖阳，或无聊时能看看窗外的动静。一扇属于猫咪的窗户，就像人们喜欢的电视机或电脑屏幕一样，可以吸引猫咪的注意力，消磨时光，不知不觉消除其心理上的压力。

细心保持猫咪的个人卫生

想象一下，当你打开一间厕所的门，发现上一位使用者没有冲干净马桶，你会是什么样的心情？一定非常不开心并且不情愿使用那间厕所了，甚至宁愿憋着不上厕所吧？这就是猫咪在面对许久未清理的猫砂时的心情！**拥有干净的猫砂盆，是猫咪的基本"猫权"。**

有的猫家长会问，那要多久清理一次呢？答案是你一天上几次厕所，就得冲几次马桶，翻译成"猫话"说，等于是尿一次就得清理一次。有人会说，哪有那么多时间啊，上班不在家时怎么办呢？那么，就请多摆放几盆猫砂吧！一般来说，我们会建议如果家里有 N 只猫咪，就得摆放 $N + 1$ 盆猫砂，让猫咪随时能找到一个干净的"马桶"，不必委屈自己使用脏臭的"厕所"。这样猫咪才不会养成憋尿的习惯，否则时间久了会导致麻烦的泌尿系统问题。

Tips：
如果家里有 N 只猫咪，就得摆放
$N+1$ 盆猫砂，并且经常清理！

保持干净的生活环境，不只是保持猫砂盆的清洁，还有猫咪的生活用品，如睡床、睡垫、餐具，都必须定时清洗、杀菌。

做足以上功课后，还有一些待清洁的地方其实隐藏在猫咪身上。看到这里大家都会猜到是梳理毛发吧？没错，很多人知道猫咪身上纠结的毛发必须时常梳理。但是，每天梳理毛发只是做到了表面功夫，藏在猫咪口腔内的卫生清洁，经常遭到忽视（请参考第 36 页"学习如何帮助猫咪每日刷牙"的内容）。

如果你想让你的猫咪活得更健康一些，请多加珍惜它那一口牙齿。猫家长如果能注重猫咪的口腔卫生，猫咪就不会有一口长满牙菌斑的牙齿和又肿又痛的齿龈，而且有极大的可能，你的猫咪到老也不会掉落任何一颗牙齿。

猫咪上了年纪，同时又有一口烂牙，有时会痛到吃不下饭。肉食特性的猫咪如果不吃饭，是很严重的大事，因为它们的肝脏很快会出问题。猫咪免疫力不好的时候，这些埋伏在口腔里的细菌也会趁机侵入身体里，酿成严重的全身性细菌感染，那可真的是遇到大麻烦了。

一天至少帮猫咪刷一次牙，能有效保持其口腔的卫生！不过，若是偷懒只三天刷一次或一个星期刷一次，那就跟没刷一样，是没有帮助的。

> Tips：
> 一天至少帮猫咪刷一次牙，
> 能有效保持其口腔的卫生！

秘密 4　和家庭医师建立合作伙伴关系

在猫咪进入熟龄期之前，维持每年与猫咪的家庭医师碰面一到两次，聊聊猫咪的近况。让家庭医师看看猫咪的身材有没有走样，还可以顺便检查一遍猫咪的耳朵、皮肤、牙齿是不是都干净、健康，等它们上了年纪，便不会那么排斥看医生了。让猫咪慢慢适应医院，日后身体若出现病痛需要上医院时才不会太难接受，有的猫咪每次听到要去看医生就躲到角落里，或紧张到要攻击家人。

猫咪的一生中，除了家人、猫朋友，还有一位重要的伙伴就是它的家庭医师。选择一位你信任的医师，让猫咪从小的时候开始，就习惯与它的家庭医师见面互动。从第一年的基础疫苗，到日后定期的疫苗加强、体内驱虫，我们还可以和家庭医师讨论日常照护的正确技巧。

固定一个医院给猫咪看病，长年下来医院里会有猫咪完整的病历记录，一旦猫咪身体出现变化，家庭医师可以实时察觉、提供专业医疗帮助，若有特殊病例，也能迅速协助转诊至专科医院。

在猫咪进入熟龄期后，必须开始每年定期验血，就像人每年会做一次全身健康检查一样，一般建议一年为猫咪验血一到两次。猫咪如有定期抽血、拍 X 光的检查，并且被记录下完整的检验结果，就能清楚地呈现出身体的变化情况，指数稍有波动，我们便可以及早发现问题。

Story "谬思"女神——化毛膏

我的一位猫病患，有阵子出现了剧烈呕吐的现象。

它是一只有些小洁癖的金吉拉，名叫莎莎，有一身闪耀着银白色光芒的亮丽被毛。莎莎非常爱干净，喜欢花大把时间整理自己的仪容，吃饱饭后或睡觉前，它总是沉溺于用它舌头上的倒刺，精心梳理自己的毛发。这段时间里它的家人都会很识相地尽量不打扰它，它的主人甚至怀疑莎莎有些自恋。

莎莎的脾气不是很好，跟大多数金吉拉一样，它有许多自己的原则，像是千万别摸它的耳朵（因为它曾有被棉花棒掏耳朵的恐怖经历），直到现在，除了动物医院里那些身经百战的兽医助理，没有人能成功清理（或至少看见）它的耳道。此外，还有一项原则——千万不要想着拿梳子帮莎莎梳理毛发，它痛恨那些尖尖硬硬的东西，也不想让别人插手梳理它心爱的毛发。除了它自己，谁也别想梳理它的毛发，这是它最坚持的事。

可是，我们都知道，当一只长毛猫咪不接受主人帮忙梳理毛发，单靠自己整理毛发时，很容易会有毛团阻塞肠道的问题，莎莎的主人因此非常忧心。于是，主人上网搜寻办法，得到了一个非常宝贵的建议，既然担心莎莎的肠道被毛团阻塞，那么就多喂它化毛膏吧！于是主人到宠物店买了各种口味的化毛膏，心中庆幸莎莎还算可以接受那些化毛膏的味道，蛮愿意吃的。

日子就这么相安无事地过着，直到有一天，莎莎主人带着年事已高的莎莎来到医院，一进门，他把莎莎放在诊疗台上，就心急地开始叙述这阵子发生在莎莎身上的事。

"莎莎它吐到甚至都不吃东西了！"主人说。于是，虚弱的莎莎被带进处理室进行抽血、拍X光的检查。莎莎在确诊肠阻塞后，医师为它安排了开腹手术，从它的肠道里取出了一大团毛发。术后主人了解状况时，感到非常困惑："奇怪！我喂过它吃化毛膏啊！化毛膏不是能'化毛'吗？"

原来，这位可爱的主人对化毛膏有着美丽的误会。"化毛膏"这名字取得真是巧妙，真是迷人啊！我们经常会碰到对化毛膏充满"谬思"的主人，他们一口一口地喂猫咪吃化毛膏，误以为这些油脂可以"溶解"毛发，避免毛球阻塞猫咪的肠道。事实上，化毛膏并不是用来"溶解"毛发的，而是通过化毛膏内的"油脂"来润滑毛团，以及内含的"纤维素"来促进肠胃蠕动，帮助毛团排出。

在莎莎年轻的时候，因为活动力强、肠蠕动性能也好，搭配着化毛膏吃，尚且可以让毛团顺利排出，但是随着年纪变大，肠蠕动性能越来越差之后，单靠化毛膏效果就不好了。正确防止毛团阻塞的方法，应该是多管齐下，除了定期喂食促进毛发排出的工具（像油脂、化毛膏、猫草）、提高食物中的纤维，每日帮猫咪梳理毛发，移除自然脱落的毛发，才能有效避免猫咪将太多毛发吃进肚子里。如果猫咪真的不愿意让你梳理毛发，那么在换毛的季节里，把猫咪剃成"小平头"，全身上下留下1厘米左右的毛发即可，这样也可以大幅降低毛团阻塞的概率。

最后，请记住，再也别被"化毛膏"三个字迷惑了！

1-4 猫咪一天该吃多少 🐾

　　猫咪一天该吃多少？其实，我们要先想想，猫咪一天该摄取多少热量。简单地说，猫咪摄取热量太多会变胖，反之，摄取热量太少会消瘦。观察猫咪的体态变化，这是最基本的评估方法。就好像大部分人其实也不知道自己吃了多少热量，但是我们会观察自己的外形、体重变化，经常称体重、量腰围，监督自己不要身材走样。下面告诉大家 4 个步骤，按照这几个步骤就能找到最适合自家猫咪的喂食分量。

步骤 1　我家猫咪身材怎么样

　　猫咪的体形不像小狗的体形那样多样，大部分猫咪成年后，彼此间的体重差异不大。但是每只猫咪的体形还必须个别评估，有的猫咪天生骨架小，可跟其他体形大的猫咪体重一样，是因为它小小的身体里可能装满了脂肪，也算是不健康的身材。

　　兽医评估猫咪的胖瘦时，有一套既简单又直观的方法，通过看，摸，按压脊椎、肋骨、肩胛骨、髋骨、坐骨等部位，来给猫咪的身材打分。一只 4 千克的猫咪究竟算胖还是算瘦，是根据这只猫咪的体态来决定的。

给猫咪的身材打分

BCS（Body Condition Score，体况评分）指数从第一级极瘦、第二级偏瘦到第五级最胖，第三级是猫咪的最佳体态。试试为你家猫咪的身材打分，也可以请家庭医师协助评估。

BCS 指数为第一级：极瘦

极瘦，可以清楚地看到脊椎、肋骨、坐骨的形状，身上几乎没有脂肪，肌肉薄弱，像猫咪中的"排骨精"，此时的身体状况多半很差。

BCS 指数为第二级：偏瘦

偏瘦，骨头形状不明显，但稍微轻触猫咪，就能隔着皮摸到肋骨，身上只有薄薄的脂肪，脊椎旁有少许肌肉，腰身明显，侧看腹部，腹线上升，应该要再胖一些。

BCS 指数为第三级：匀称

猫咪的最佳体态，身上覆盖均匀的脂肪，看不出骨骼形状。轻触猫咪身体可感受到健壮的肌肉，没有多余的赘肉，腰部带有柔和的线条，侧看没有小腹，腹线微微上扬。

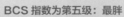

BCS 指数为第四级：微胖

猫咪看起来胖胖的，皮下脂肪厚，身形有些松垮，很难摸到肋骨、脊椎，几乎没有腰身，侧看小腹有些微凸，尾巴根部摸起来还有些赘肉，必须开始控制体重了。

BCS 指数为第五级：最胖

此时你眼前的猫咪，身形臃肿，走路可能有些吃力，不仅摸不到肋骨，身上的脂肪还有些松垮，侧看肚子鼓鼓的，像颗气球一样，尾巴根部堆满肥肉，再不赶紧想办法减肥，身体很快会出问题。

我鼓励大家养成定期帮助猫咪称体重、评估 BCS 指数的习惯，可以在家准备一台婴儿用的体重秤，或到宠物诊所为猫咪称重，并将体重和 BCS 指数评估的结果记录下来。

BCS 指数为第三级是标准体态，这时猫咪的体重就是它的标准体重，接下来只要维持住这个体重就可以了；如果体态属于 BCS 指数为第四级或第五级这种较丰腴的身材，那么必须开始着手帮助猫咪减轻重量，直到猫咪恢复标准体态为止；然而，当评估后发现猫咪属于 BCS 指数为第一级或第二级偏瘦的身材，就必须开始增加喂食的热量，同时检查猫咪的身体是否出了问题，或目前提供的食物对猫咪来说，是否不好消化吸收。排除食物或生病等因素后，增加喂食的热量才能发挥显著的效果。

很多猫家长喜欢猫咪胖胖的，觉得猫咪圆滚滚的模样很可爱，就算被医生坚决告知猫咪过胖，猫家长还觉得这是一种恭维。其实，猫咪不论过胖或过瘦，都是健康的隐患。站在希望猫咪健健康康的立场上，应尽力避免未来发生的病痛，建议在发生问题前，尽快帮助猫咪恢复匀称的身材。

瘦弱带来的健康隐患

- 抵抗力下降，容易生病
- 肌肉量流失
- 骨质疏松
- 影响荷尔蒙分泌

肥胖诱发的健康问题

- 糖尿病
- 胰腺炎
- 骨关节疾病
- 心脏病
- 脂肪肝
- 高血压
- 内分泌疾病

步骤 2　猫咪一天需要多少热量

通过一个简单的公式，我们可以知道不同体重、不同状态下的猫咪，一天大约需要多少热量。

猫咪每日热量需求 DER（Daily Energy Requirement）要怎么算呢？

先以猫咪的体重（kg）计算出猫咪的静止热量需求 RER（Resting Energy Requirement），再乘一个适合个别猫咪状态的系数。

$$\underline{RER（kcal）= 70 × 体重^{0.75}}$$

体重的 0.75 次方只要用计算器这样算：体重 × 体重 × 体重，再连续按两次 $\sqrt{}$ 键就能算出来了。

$$\underline{DER（kcal）= RER × 系数}$$

例如：体重为 5 千克的好动猫，它的 RER 是 5×5×5 = 125 再开两次根号，乘 70 后等于 234.0591，得到 RER = 234.0591 后再乘好动猫的系数：RER×1.6 = 374.4946，我们可以知道这只 5 千克的好动猫每日热量需求 DER 为 374.4946 kcal。

不同状态的猫咪有不同的系数

猫咪状态	系数
已绝育	1.2
未绝育	1.4
微肥倾向	1.0
努力减肥	0.8
好动猫	1.6
增胖 （以理想体重算）	1.2~1.4

下面给各位猫家长提供一般猫咪每日热量需求量，大家可以简单对照。

未结扎猫咪

体重 (kg)	每日热量 (kcal)
1	98
1.5	133
2	165
2.5	195
3	223
3.5	251
4	277
4.5	303
5	327
6	376
7	423
8	466
9	509
10	551
11	592
12	632
13	670
14	709
15	747

已结扎猫咪

体重 (kg)	每日热量 (kcal)
1	84
1.5	114
2	141
2.5	167
3	191
3.5	215
4	238
4.5	259
5	280
6	322
7	361
8	400
9	436
10	472
11	507
12	542
13	575
14	608
15	640

猫咪在结扎后因为身体代谢的变化，以及活动力可能因为荷尔蒙减少而降低，导致每天消耗的热量变少，如果还是跟结扎前吃得一样多，猫咪可是会发胖的！大多数结扎后的猫咪都应该降低喂食食物的热量。

步骤 3　一天该喂猫咪多少食物

知道猫咪的建议热量后，请对照本书中的食谱，规划合适的分量。假设一只 4 千克的健康、已结扎猫咪，每日热量需求是 238 kcal，选择第 84 页的"鸡肉餐"食谱作为这阵子的主餐，这份食谱含热量 239 kcal，将食谱的热量，除以猫咪每日热量需求，就知道这份食谱可以为猫咪提供几天的热量了。如果你打算一次准备 3 天的分量，就将这份食谱中的所有食材克数都乘以 3，煮好之后再将整锅食物分成 3 等份，每一等份的分量，就是猫咪一天要吃的量。

> 食谱中的热量 ÷ 猫咪每日热量需求 = 一份食谱可以为猫咪提供几天的热量

步骤 4　调整成真正适合猫咪的每日分量

根据每日热量建议表，以及我们决定好的分量，喂猫咪吃一到两个星期后，我们需要停下来，确认一下，究竟目前给予猫咪的热量是否恰当。有做体重、体态记录的猫家长，这时请拿出记录本看一看，猫咪这阵子的体重是上升了还是下降了，BCS 指数是否维持在第三级的标准状态。

每只猫咪的生活方式不同、生活环境不同：有的猫咪会和伙伴打闹、追逐，而有的猫咪喜欢懒洋洋地躺着；有的猫咪生活在温暖的地区，而有的猫咪住在湿冷的高山；有的猫咪正面临病痛的考验，而有的猫咪营养均衡，身体很好；有的猫咪生活压力大，而有的猫咪只是无忧无虑地在家里享受家人的爱与呵护。

无论是怎样的生活形态，每只猫咪均有不同的体态、肌肉量与运动量，消化吸收能力无法一概而论，所以每只猫咪需要重新评估身材后才能调整每日摄取的热量。**热量公式只是一个供参考的起点，而每只猫咪真正合适的每日热量，需要猫家长仔细观察后量身定制。**

为了猫咪的长远健康着想，每隔一段时间我们必须调整食谱。若发现猫咪胖了，那么请将目前给予的热量减少10%~20%来喂食，等一段时间后再次检查猫咪的身材是否变匀称了。

若发现猫咪瘦了，请在目前给予热量的基础上增加约10%~20%，同样等一段时间后再次衡量，直到"革命成功"为止。若猫咪已恢复正常体态，则依照当前给予的热量，继续维持下去，让猫咪这一生都是一只可以轻盈跳跃、肌肉量完美的漂亮"运动员"。

我的一只猫病患，过着家人过度宠溺的"幸福"生活，在8岁时体重达到惊人的12千克。有一天这只猫咪因为轻轻一跃就扭伤了前肢，走路变得一跛一跛的，所以来到医院看病。在家这几天也许因为疼痛而不太吃东西，然后开始频繁呕吐、拉肚子，门诊检查时发现除了扭伤问题，它的肝指数上升，加上血液快筛和超声波检查后，发现猫咪患上了胰腺炎。

在猫咪恢复食欲与活力后，我着手为猫咪制订减肥计划，将食物的热量密度降低，通过每天的追逐游戏让猫咪运动，大约6个月的时间，这只猫咪的体重降到了8.5千克，目前仍在努力中。

纵容猫咪过度肥胖，绝不是一件可以炫耀的事情。肥胖会降低这只猫咪的生活质量，它可能无法自由地活动、到处跳跃享受"君临城下"的快感，也无法满足自己梳理毛发的欲望，不但肤况会变差，各种病痛会上身，最可怕的是，它还会失去身为一只猫咪的尊严。

对我们兽医师而言，再也没有比看到猫咪陷入如此境地更令人鼻酸的了，而这一切，有可能只是源自不良的生活习惯，或者没有获得正确的喂食。

如果持续一段时间的调整后，发现猫咪体重仍不下降，则要特别注意是否有潜在的问题。有些疾病会影响猫咪身体的荷尔蒙或代谢速度，例如猫咪常见的甲状腺功能亢进，会让猫咪身体一直处于快速代谢、消耗热量的状态，要增重就会更加困难，必须请家庭医师协助诊断，才能从根本上解决问题。

1-5　迎接岁月带给猫咪的礼物 🐾

　　很多人会问，猫咪到底几岁就算老了？ 8 岁？ 10 岁？ 还是 12 岁？猫咪的一岁又相当于人类的几岁？人们总喜欢将猫狗的年龄换算成人类的年龄来思考，以此引发强烈的共鸣感。

　　老实说，将猫狗的年龄换算成人类的年龄，其实没有太大的意义，因为猫狗跟人类本身就是不同的生物，我们代谢的方式不同，老化的速度不同，各自游走在不同的时间轴上，实在不必强求以人的视角界定猫咪的年纪。

用来引起共鸣感的猫咪年龄换算表

猫咪的年龄（岁）	相当于人的年龄（岁）	猫咪的年龄（岁）	相当于人的年龄（岁）
1	15 ~ 18	11	60
2	21 ~ 24	12	64
3	28	13	68
4	32	14	72
5	36	15	76
6	40	16	80
7	44	17	84
8	48	18	88
9	52	19	92
10	56	20	96

　　如今，随着医学技术的进步，人们的健康观念也在发生变化。现代人已不再如古人那样，60 岁便到了耳顺之年，70 岁似乎就到极限的境界了。今日的人们不会甘于退休后便在家养老的生活，许多人 50 岁以后身体还硬朗得很。退休不等于养老，于是人们开始追寻第二人生，这样一来，50 岁的人算老吗？有人保养得宜，60 岁还能到处旅游呢，健康检查结果大体正常，这样的人甚至需要更多的营养以满足身体的需求！

有人说猫咪 12 岁开始就算是进入熟龄期了，必须更换成老猫饲料，其实也仅仅是因年龄而做出的推断。若猫咪的身体并没有出现改变，只因年纪到了就开始吃低蛋白饲料，反而对健康有不良的影响。

猫咪跟人一样，老或不老，不能以岁数而定，要看生理机能与心理上的转变，看是否出现了退化、衰老的迹象，这才是判断猫咪进入熟龄期的方式！

岁月带给猫咪生理上的转变

- 知觉、反应力与活动力下降
- 肌肉量流失
- 皮肤弹性下降
- 身体含水量下降
- 心血管机能退化
- 消化机能减弱
- 基础代谢率减少 30%~40%

年纪大了之后，猫咪的听觉、嗅觉、味觉、视觉会逐渐衰退。此外，身体内的器官功能也会出现退化、衰老的迹象，像肠蠕动变慢、肠内消化酶分泌变少，导致消化食物能力变差、吸收营养能力变弱，这时如果再让猫咪经历食材的变动，很容易使它们出现消化不良、腹胀、拉肚子的状况。

有些熟龄猫咪的心肺机能开始衰退，导致每天运动量下降，也比较容易感到疲倦，活动力大不如从前，这时与猫咪做游戏的话请留意运动强度，不能太激烈。遇到季节更替时，或寒流来袭、温度骤降时，也要注意猫咪的身体状况，定期监控血压格外重要。

上了年纪的猫咪皮肤弹性下降，保湿能力变差。同时，随着活动力变差，熟龄猫咪的肌肉流失速度比年轻猫咪快得多，有些猫咪的肌肉会慢慢萎缩，运动的灵活度也跟着下降了。

在猫咪睡得多、活动力不佳而肌肉量变少的情况下，每日的基础代谢量也因此减少了。这时，如果还摄取跟以往相同的热量，那么老年"发福"的命运就会降临在猫咪身上。

岁月带给猫咪心理上的转变

- 有些猫咪会变得比较固执
- 更难适应食物的变化
- 更需要人陪伴
- 对环境变动更加敏感

　　只要是生物，都有老去的一天，随着经历过的"猫生"不同，猫咪的性格也会有所转变。在这个阶段，有些猫咪会变得比较固执，不喜欢的事情就会坚决地表示不喜欢，也不想妥协了，家有熟龄猫咪，请尽量顺从它的顽固脾气。

　　岁月带给人或猫狗的礼物，让我们学会把生活的步调变得更缓、更顺心。岁月的魔法转变了身心，也让时间慢了下来。

　　因为步态变得不稳，于是放慢了脚步，所以有时间细看身边的风景；经常腰酸背痛，于是每日能坐看日出日落；对于食物变得挑剔固执，便更能顺心地吃，就尽管吃些自己爱吃的东西吧；因为需要人陪伴，更愿意空下时间与亲爱的人相处。

　　当我和熟龄动物相处时，总会轻抚它们褪色的毛发、松垮的皮肤，心灵的感受则是宁静的、平稳的。看着它们老化、混浊的眼睛，就好像读着一则则光阴流转的故事，总让人觉得感动，要珍惜这些岁月留在动物身上的痕迹。

面对猫咪老化的营养调整

- 依照个体差异调整热量
- 整体而言，提高优良蛋白质摄取量
- 选择更好消化的食材
- 维持或稍微降低脂肪量

也许是受商业广告的影响，我发现许多猫家长有个通病，当猫咪过了8岁或10岁生日后，很多人都会问我，该帮家里的猫咪添购老猫食物了吗？其实，对我来说，这是一个很难回答的问题，什么是猫咪老了以后应该吃的食物呢？

在猫咪自己捕猎时，不管是在草原上、沙漠中还是在城市的街角，应该没有地方会专门提供给老猫一只适合它的低蛋白、低脂肪、高碳水化合物的老鼠吧？

我们可以理解，为处于生病期的动物或人准备特殊配方的食谱，有助于身体的恢复。可是，年老的动物或人需要什么样特殊配方的餐点呢？

年老并不是一种疾病，只是有些器官退化了。这些变化中，跟营养相关的退化，大概就是肠胃消化能力不如从前，以及动物的活动力降低，新陈代谢变差了一些，如此而已。在猫咪没有罹患其他疾病的状态下，面对老化，我们应该关心的是，这种情况下要怎么帮助它们获得与年轻时相似程度的营养，好让身体维持健康。

猫咪因为老化，肠胃消化能力会不如从前，如果要获得相似程度的营养，那么猫家长必须提供更多或更好消化的食物给它。

真正适合老猫的食物，是质量更好、动物性蛋白质含量更高的食物。什么叫质量更好的食物呢？就是新鲜、未经加工、未存放太久的食材，且主要来自动物性产品，以新鲜的肉品、鸡蛋为基底，避开那些会让猫

咪摄取太多碳水化合物的食物（如太多的谷物）。

此外，想陪伴猫咪优雅老去，我们必须单独看待每只猫咪个体，即使是同胎的猫咪，也有不同的生理结构，同样的食物，可能是猫哥哥的"毒药"，却是猫妹妹的"蜜糖"。

比如，猫哥哥在年纪大了以后，变得比较懒、不爱运动，而猫妹妹则还是活蹦乱跳的。这时，猫哥哥每天摄取的热量就得降低，要帮它选择热量密度低一点儿的食物（脂肪量少一点儿的食物），或者是喂食分量要变少。

粗心的猫家长如果没有注意到猫哥哥身体的变化，适时做出回应与调整，还是让两只猫咪摄入一样多的热量，就会使猫咪发胖，发胖的猫咪就不是一只处于健康状态的猫咪。

又或者，同样的食物，对猫妹妹而言很好消化，每天排便顺畅、粪便形态正常。猫妹妹吃得神采奕奕，体形、毛色维持得均衡、漂亮。但这份食物使猫哥哥消化不良、软便、毛发黯淡无光、日渐消瘦，此时猫家长就该警觉，应该替猫哥哥寻找其他合适的食物。每只猫咪对食材的接受度不同，会造就不同的身体状况。要评估这份营养是否合适，必须依赖猫家长的判断。

> 熟龄猫咪消化食物的能力减弱、活动力也降低了，在这种情况下，要怎么帮助它们获得合适的营养，维持不同个体的健康呢？

一份适合老猫的食谱，应该包括高蛋白质、中等程度脂肪量、碳水化合物极少的食物。当你开始喂你的猫咪真正适合它的食物时，这份营养将使它虽经岁月流转但光彩依旧。

　　在书中，我所提供的食谱都符合这样的比例，并按照中国台湾的四季食材编排，你可以依照第3章里的内容进行食谱的制作，然后慢慢测试哪几份食谱特别适合你的猫咪，之后将这些食谱分别标记给每只猫咪。有些猫家长很幸运，可能所有的食谱都适合自己的猫咪，那么它们就能尽情享用这些精心设计的食物了。

　　祝福各位的猫咪能够健康、优雅地老去！

总结：熟龄猫咪的日常照护

- 营养均衡的合适食谱（特殊状态应有特殊饮食对策）
- 维持规律作息
- 少量多餐、定时定量
- 定期预防性全身检查
- 减少环境的剧烈变化
- 维持体态、避免肥胖
- 每时每刻提供干净的饮水
- 每日口腔照护
- 养成运动习惯
- 学习生病状态的饮食管理

Story 无知"害死"一只猫咪

　　一天夜里，我接到一通电话，电话中一位宠物的主人说，他从"动物之家"领养回来的猫咪，今天突然两腿发软，站不起来了。

　　我要他马上把猫咪带过来，挂掉电话后，我边想："又是猫血栓！"，边转身倒了一杯热茶。我记得那时的天气很寒冷，是猫血栓发作的季节，我就这么静静地等着猫咪的到来。

　　过了不久，助理说猫咪到了，我起身出去看，是一只大约两个月大的幼猫。它的身体非常瘦弱，简直是猫咪中的"排骨精"，骨头仿佛会随时刺破皮肤而出，而且还严重脱水。

　　这哪里只是两腿发软而已，猫咪实际已经陷入昏迷了！我连忙将小猫咪从纸箱里抱出来，抱进处理室，这一摸不得了，小猫咪的身体非常冷。助理拿温度计一量，果然！连温度计都测不到温度，一定不到34℃，这只猫咪的情况很危险哪！

　　助理立刻架起保温灯、暖风扇，还拿着吹风机对着小猫咪吹，我边从小猫咪身上抽了点血做检查，边向一旁等候的两个年轻人询问猫咪的状况。他们说，领养的时候，"动物之家"的兽医说这只小猫咪很健康。于是他们带回家后，照着"动物之家"兽医的指示，买了不错的饲料，摆一点点在家里，然后每天一如既往地出门上班。前几天猫咪还充满活力，但今天不知怎么的突然就这样了。

　　"你们有注意到小猫咪一天大概吃多少吗？"我问。他们告诉我，干饲料几乎没怎么吃，然后水也不喝。他们也觉得很奇怪，但不以为然，以为小猫咪本来就吃得很少。

　　我再稍微问了食物有没有保温、饲料有没有泡软等基本问题后，得到的答案都是否定的。主人忽然沉默了，我想，这两位年轻的主人自己也发现，是他们疏忽了。

　　"医生，小猫咪会死吗？"其中一个男生问。
　　"很有可能。"我说。

　　当天晚上，在恢复正常体温、喝了点糖水、打了温暖的皮下点滴后，小猫咪稍微清醒了一些，会睁开眼看看在场的人。我们找了些可口的食物引诱猫咪吃饭，但虚弱的它只吃了几口，又闭上了眼睛。大约是清晨6点钟的时候，小猫咪停止了呼吸，急救15分钟后，宣告不治。

　　我相信愿意领养动物的人，一定都是对动物有爱心的人。可是，有时却由于缺乏知识，使得这样的爱心变成了一种伤害。很多时候，人们因为无知或不谨慎，"害死"了这些纯洁善良的小生命。这些故事经常发生在兽医眼前，令我们觉得非常遗憾、痛心。

学习如何帮助猫咪每日刷牙

许多人会惊讶，怎么可能让猫咪学会刷牙？我经常指导来为猫咪看牙周病的猫家长，教他们帮助猫咪刷牙，其实只要有毅力，几乎没有人办不到！让猫咪适应刷牙的初期，千万不能心急，别吓到猫咪，慢慢用耐心和身体语言与你的猫咪沟通，它会明白，刷牙并不是一件令它难受的事。

用手指轻轻碰触猫咪脸颊内侧的牙齿：

一开始就拿牙刷对付猫咪，有 80% 的概率会毁了猫咪对你的信任，所以在这之前，我们必须先让猫咪适应它的牙齿被别人触摸。

请各位猫家长每天抽出一点儿时间，可以是晚饭后、看电视时，或每天梳完毛发后，顺手把你的猫咪抱过来，用你的手指碰碰它的牙齿。当然不是冒犯的碰触法，而是温柔的，加上关爱的眼神和话语，让猫咪知道你碰它的牙齿是为它好，直到它很习惯牙齿被触摸为止。

准备顺手的刷牙工具：

我推荐的是小牙刷，儿童牙刷也可以，只要能用得顺手就可以。纱布、指套其实并不好用，清洁力度也没有牙刷好。至于使用牙膏与否看个人，不一定需要，有时用清水刷过就非常干净了。但是，若你的猫咪有特别喜欢的牙膏味道，搭配使用能让它更陶醉于刷牙，使用牙膏来增添刷牙带给猫咪的乐趣，那也很好。总之，能刷到猫咪的牙齿，比什么都重要。

使用牙刷轻轻碰触猫咪最能接受的地方：

可以先从门牙开始，轻碰即可，每天花一点儿时间，拿牙刷碰一下猫咪的门牙，让它习惯这个动作，直到不被惊吓到为止，再进入下一个阶段。

Step 3

使用牙刷轻轻碰触脸颊内侧的牙齿：

　　你可以稍微翻开猫咪的嘴皮，将牙刷伸进它的脸颊内侧，一样轻轻碰触就好，先不要刷动，一旦吓到它们，未来就更不可能完成刷牙的任务了。

Step 4

开始尝试牙刷在牙齿表面刷动：

　　前面的任务都完成后，终于可以开始初步刷牙了。你可以小心翼翼地拿牙刷在猫咪牙齿表面来回刷几下，并确认猫咪的心情，如果没有明显不悦，这一步骤就算完成。刷动时请特别注意牙龈与牙齿交界处，那里最容易产生牙菌斑。

Step 5

伸进脸颊内侧，对牙齿进行刷动：

　　终于来到这一步，不必多说，当你的猫咪愿意让你刷脸颊内侧的牙齿时，我想你应该知道，离成功已经不远了。

Step 6

试着让猫咪张开嘴巴，刷口腔内侧的牙齿：

　　这是最后一步，也是最困难的一步，千万不能轻易放弃。多数猫咪的牙周病潜藏在内侧的牙齿上，请发挥过人的毅力，慢慢让猫咪愿意张开嘴巴，一天努力一点儿，最后一定可以让猫咪张开"金口"。成功刷到内侧的牙齿，刷牙的任务这才算圆满达成！

　　恭喜你！也许你花了 2~3 个月的时间才完成这个挑战，但是你应该感到欣慰，我曾见过有的猫家长花费 6 个月的时间，才真正让猫咪愿意刷牙。这个过程虽然漫长而辛苦，但只要跨出了这一步，并且未来"每天"持续帮助猫咪刷牙，将可以大幅度降低猫咪患牙科疾病的概率，不必经常上医院麻醉后再给它洗牙。

　　这样的回报，我相信是能让各位猫家长愿意不计任何代价、奋勇努力的目标。加油！为了猫咪的口腔健康而战吧！

Chapter 2

令人安心的猫咪厨房

为猫咪设计的饮食对策，

从四季食材、厨房大小事、营养补充品，

到猫咪居家常见的"毒物"的知识都在这里，还有智取挑食猫咪的小诀窍。

在现代城市中，你也能为心爱的它端出一道营养丰富的菜肴了。

2-1 为什么让猫咪吃湿食这么重要 🐾

为什么你要成为"湿食派"？请往后翻到第4章，稍微浏览猫咪常见的疾病，相信答案很快就会了然于心。

21世纪的家猫为了适应人类的生活，大量食用快餐干粮取代原本的新鲜食物，结果却发现"猫咪文明病"变多了！等到你阅读第4章的内容，当我们开始谈到猫咪的常见疾病时，你一定会不断地发现，很多疾病问题的核心，都在于饮水量不足，你也许会诧异原来这么多问题来自不合适的饮食。

回头想想，要是发生在人类身上，为了迎合忙碌的生活节奏，每天只吃干燥的高级营养饼干，也会觉得口干舌燥而痛苦不堪。人们无形中过度依赖深加工的食物，很难有好的体魄。猫咪也一样，只要是动物，还是得吃大自然中属于它们的食物。

猫咪吃湿食如此重要，我想我必须花更多的时间来跟你们讨论。可是，猫咪无法获得合适食物的窘境，只需要将家中的食物更换成含水量高的就行了吗？很多人心目中完美的猫食形象，常常就是给它们很多很多的肉，以及偶尔加一些剁碎的蔬菜而已，这样就自认为是准备好一份属于精巧肉食动物的食谱了……真的是这样吗？

当然不是！因为真正的猫食，不应来自人类的菜市场！猫咪的饮食素材并非像人类那么狭隘，人类是一种很浪费食物的生物，几乎只吃动物的肌肉组织、少量的内脏，剩下的部分并不会摆上餐桌，因为没有人会连骨头、屠体的毛、鸡蛋的壳，都一起吞下肚。

可是，猫咪不一样，它们会吃掉一整只猎物，包括皮毛（动物性纤维）。许多准备生食的猫家长，以为自己已经以开放的胸襟在准备猫食了，却没想到这一点，在没有添加该补充的营养品与纤维的状况下，猫咪还是日复一日地配合着人类的饮食习惯生存着，结果越来越不健康了。

人类为猫咪准备的食物有限制性，别轻易相信那些告诉你任意准备鲜食就足以满足猫咪营养的言论，作为谨慎而明智的猫家长，你必须更加小心地获取知识，寻找合适的食谱。用聪明的方式，在现在生活中，准备一份营养鲜美的食物，献给你那来自不同星球的猫朋友。

2-2 打造猫咪专属厨房 🐾

当人们听到"自制猫咪鲜食"时，常常会觉得难如登天，但这其实比你想得要容易。我通常会预先挑选好几份营养均衡的合适食谱，每隔一到两周做一次，做好再冷冻起来，每日解冻一天分量的食物，加热给猫咪吃。自己做猫食不表示就得花大把时间待在厨房里，如果真的这么麻烦，我大概也不会这么做了。

建议大家在规划厨房动线时，一定要预先在心中排练一遍料理流程，再寻找用起来顺手的工具，亲手打造一座猫咪专用的厨房，在麻烦的步骤里找到好的道具，就能轻松、迅速地为猫咪做出好的猫食。

好用的厨房工具

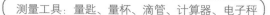
测量工具：量匙、量杯、滴管、计算器、电子秤

用来称食材的重量，或者测量液体材料的体积，这关系到营养含量的准确性，非斤斤计较不可，是自制猫咪鲜食的必备工具！

切碎工具：削皮器、食物调理机、果汁机、杵臼、研磨机、宝宝副食品机

猫咪习惯小口吃东西，准备好的料理在给猫咪吃之前要弄碎。切是最费时的步骤，找到好用、好上手的工具，可以加快准备速度，制作猫咪的料理时会轻松许多。

烹煮工具：炉子、锅具、电饭锅、高压锅、微波炉、烤箱

适当的烹煮工具，可以缩短加热的时间，减少营养的流失。不同的加热方式，能改变食物的香气，以诱惑挑食的猫咪。

厨房卫生法宝

猫食专用生食砧板、猫食专用熟食砧板

猫食专用砧板两组：处理猫咪鲜食料理务必将生食与熟食分开，避免细菌污染，引发猫家人或猫咪的肠胃问题。

清洁用品

食用小苏打粉、柠檬水主要是用来去油污的，准备天然、温和的去油洗剂，例如将食用小苏打粉兑水或柠檬水事先装在喷雾瓶中，要清洗猫咪的餐具时，先将天然洗剂喷在猫咪的餐具上，然后就能轻松洗净碗盘上的油污了。

热水或蒸气是最好的杀菌帮手，猫咪的餐具、水碗请选择耐热材质的。洗掉油污后，每天用热水烫或用蒸气蒸，就能达到良好的除菌效果。

食物保鲜用品

保存工具：保鲜盒、保鲜袋、真空包装袋

准备可以密封的小容器数个，将准备好的食物，按照天数分成等份，放进冰箱冷冻室保存。每天晚上将次日需要的分量取出，放进冷藏室解冻，一次只解冻一等份的食物。

2-3 猫咪喜爱的食物 🐾

　　人们在初次接触自制猫食的时候，常常会犯一个错误，以为猫食就是全肉的就可以了，直接忽略了猫咪需要钙质、纤维及内脏等其他元素的事实，造成了许多猫咪营养不良的问题。纯肉所含的钙质不足，磷元素很高，无法维持适当的钙磷比例，再次郑重声明，准备猫咪鲜食前，请确定你将要使用的是一份均衡、专业的食谱。这份食谱将会巧妙地搭配各种猫咪喜爱的食物，利用食材特性及独特的营养成分，组合出一道具有完整营养的美食，以下介绍各种食材的特性。

肉与蛋

（牛肉）

　　牛肉可提供猫咪必需的完整的氨基酸，它含牛磺酸与左旋肉碱，还有铁质、锌质、镁和维生素 B_{12}，有助于维持皮肤黏膜、心脏肌肉与视网膜的健康，同时能补充造血元素，预防贫血。

（猪肉）

　　猪肉中的维生素 B 群含量丰富，脂肪中胆固醇含量高，猫咪如有胆囊问题，不宜多吃。因为猪肉有传播寄生虫的风险，所以千万不能生吃，一定要煮熟后给猫咪吃。许多猫咪讨厌猪肉的味道，所以本书中很少以猪肉设计食谱。

（鸡肉）

　　好消化的鸡肉可提供优良的蛋白质，含有猫咪所需的均衡氨基酸；同时，鸡肉的脂肪含量较低，以不饱和脂肪酸为主，是高蛋白、低脂肪的优良食材，内含微量元素铁、磷及维生素 A。

羊肉

羊肉是高蛋白、低脂肪、低胆固醇的一种肉类，而且富含丰富的维生素 B_1、维生素 B_2、维生素 B_6 及铁、锌、硒。秋冬季节食用羊肉，可提供猫咪充足的热量，有暖身驱寒的效果。

鸭肉

鸭肉的脂肪分布均匀、好吸收，以不饱和脂肪酸为主。鸭肉富含维生素 B_1、维生素 B_2、维生素 B_5 和维生素 E，可增强抵抗力，也能提供铁、锌、铜等微量元素。

鸡蛋

鸡蛋含有丰富均衡的氨基酸，也能提供猫咪需要的矿物质和维生素。蛋白和蛋黄除了不含纤维和维生素 C，鸡蛋可以说是具备完全营养的食材了！鸡蛋壳还能保存下来，蒸气杀菌后制作成钙质补充品。

内脏

鸡心

鸡心富含脂肪，能提供必需的脂肪酸，含牛磺酸、铜等保护心脏的重要物质。

鸡肝

鸡肝中维生素 A、维生素 B 群、维生素 C、维生素 D、铁质、锌的含量丰富，是猫咪重要的营养来源。使用肝脏补充营养时，要特别小心用量，过量会造成猫咪的肝脏负担。鸡肝属于代谢器官，购买时需谨慎选择有信誉的厂商。

猪脑

猪脑滋补价值高，含卵磷质、钙、磷、铁、维生素 B_1、维生素 B_2，烟碱酸含量比肉多。有些猫咪会讨厌猪脑的腥味，但在有些猫咪的眼中是美食。

猪肾

猪肾俗称腰子，营养价值高，钙、磷、铁丰富。猪肾也属于排泄器官，购买时同样需谨慎选择有信誉的厂商。

鱼贝类

鲔鱼

鲔鱼肉能提供猫咪丰富的铁质、蛋白质、维生素 D 和猫咪必需的叶酸，同时能活络脑细胞、增强学习力、推迟老化。

鲑鱼

鲑鱼营养素充足，维生素 D、维生素 E 与 Omega-3 脂肪酸丰富。鲑鱼皮含胶质，可洗干净后切碎一起给猫咪吃。

鳕鱼

鳕鱼脂肪含量高，维生素 A、维生素 D 丰富，同时含有猫咪必需的重要营养：牛磺酸，其可保护心血管。

鲭鱼

鲭鱼蕴含维生素 B_2、钙质、牛磺酸，以及重要的 Omega-3 脂肪酸族群中的 EPA 与 DHA、维生素 E，具有抗氧化效果，可提升猫咪抵抗力，降低退化性疾病（如心肌病、过敏、肠炎）。在准备这道食材时，请小心剔除鲭鱼肉中的暗刺，以免造成猫咪受伤。

沙丁鱼

沙丁鱼中维生素 D 与 Omega-3 脂肪酸含量丰富，可预防猫咪血栓与心肌病变。

秋刀鱼

秋刀鱼是 EPA 与 DHA 的优良来源，不饱和脂肪酸丰富，维生素 D 的含量亦高。

鲣鱼含维生素 A、维生素 B 群、铁质、丰富的蛋白质、不饱和脂肪酸与牛磺酸，可补充猫咪必要的营养，促进新陈代谢。

文蛤

文蛤含高蛋白质、高矿物质，如钙、磷、铁及多种维生素与牛磺酸，对某些猫咪来说可能不好吸收，初次尝试需小心。

干贝

干贝是高蛋白、低脂肪的食物，它的钙、铁、磷、镁含量丰富，鲜味十足，深受猫咪的喜爱。干贝可增强猫咪的免疫力，为其补血，也能补充牛磺酸。

牡蛎

除蛋白质含量高，牡蛎是锌含量最高的天然食物之一，可补充锌与多种维生素，亦含丰富的牛磺酸。

油脂

橄榄油

橄榄油以单元不饱和脂肪酸的油酸含量高而闻名，同时有丰富的维生素 A、维生素 D、维生素 E、维生素 K，含橄榄多酚（其具有抗氧化作用），可抑制过敏、发炎。特级初榨橄榄油不适合高温煎炒，低温或凉拌更能发挥橄榄多酚的效果。

(鲑鱼油)

鲑鱼油是最适合猫咪的动物油，鲜榨鲑鱼油的 Omega-3 脂肪酸相当充足，还含有重要的 EPA 与 DHA，适合低温烹调。鲑鱼油有益于猫咪的眼睛、心脏、神经，还可调节免疫力，是猫咪用油的首选，购买时请选择含有维生素 E 的产品。要特别注意的是，鱼油具有抗凝血、降血压的效果，猫咪如需手术，前三周应避免过度使用。

(葵花油)

相较于橄榄油和鲑鱼油，葵花油的 Omega-6 脂肪酸较多，因此稳定性高，可承受高温煎炒。葵花油含维生素 E、维生素 B_3 与胡萝卜素，具有优良抗氧化的效果，可调节免疫力，减少黄脂病。

(亚麻籽油)

亚麻籽油与鲑鱼油同样富含 Omega-3 脂肪酸，较适合低温烹调，但因猫咪无法转换获得 EPA 与 DHA，所以对猫咪来说，鲑鱼油会是更好的选择。

(芝麻油)

芝麻油中脂肪酸组成均衡，Omega-6 与 Omega-3 相当，饱和脂肪酸约占 20％。芝麻油含芝麻酚、芝麻素与维生素 E 等天然抗氧化剂，适合凉拌使用。

(牛油)

牛油又称奶油、黄油。牛油含微量元素硒，具有良好的抗氧化性，也含有少量的碘元素，以饱和脂肪酸为主，耐高温，具有淡淡的乳香味，深受猫咪的喜爱。

乳制品

(牛奶)

牛奶中含有乳糖、乳蛋白、脂肪及钙质，很受猫咪的欢迎。特别要注意的是，牛奶中的乳糖含量较猫奶高，一般猫咪并不能消化太多的糖分，给猫咪喝太多的牛奶容易造成其胀气、拉肚子。

(酸奶)

酸奶中的乳糖部分已被分解，因此对猫咪来说较好消化，不会刺激肠胃，补钙之余还能补充益生菌，非常推荐猫咪吃酸奶！

(茅屋干酪)

茅屋干酪的盐分、乳糖偏高，少量吃可补充一点儿钙质。多数猫咪喜爱茅屋干酪的香味，这是猫咪喜爱的点心，只要小心控制食用量，就不至于拉肚子。

(豆浆)

豆浆是高铁、含钙量低、乳糖量低的食物，与牛奶的营养价值不同，由于膳食纤维高，适量饮用可以促进肠道蠕动、缓解便秘，但喝多了容易腹泻。少数猫咪喜欢豆浆的味道，可以通过喝豆浆让它们达到多喝水的目的。

藻类

(紫菜)

紫菜低脂，含蛋白质、铁、钙、碘、纤维素、胆碱及牛磺酸。海苔中维生素 B、维生素 C 含量很高，是猫咪非常理想的营养食品，但只能非常少量地添加，否则一不小心就会摄入过量的钠和碘。甲状腺功能亢进的猫咪不能多吃。

(海带)

海带含钙、磷、碘、叶酸、维生素 C 等营养元素，膳食纤维可稳定肠胃机能、调节血糖，也可以补血，营养价值高。甲状腺功能亢进的猫咪同样不能多吃。

蔬果、谷物

猫咪并不需要太多的蔬果、谷物，添加植物性食材主要是补充纤维、帮助消化、调整肠胃机能。猫咪食谱中只需依照季节的变化，少量加入植物性食材即可。关于蔬果、谷物的介绍，将错落呈现在第 3 章季节食材的介绍中。

2-4 锁住营养素的烹调技巧

食材越鲜，营养流失越少

每当我解释烹调与营养流失的问题时，总会对大家说这样的一句话："煮饭就是在安全的范围内，尽量将营养保留下来。"

为什么这么说呢？身为明智的料理者，保全营养一直是一个两难的"头痛"课题，因为越多层次、多程序地处理食材，会让营养流失得越多：从清洗、切碎到加热，都会耗损营养。然而，制作绝对安全的食物，是不容置疑的最高原则，以确保食物残留越少的毒素、越少的致病菌为前提，达成安全至上的目标，之后再讲求尽量保鲜。

选购有安全标识认证的食材，或是有机种植的蔬菜，寻找信任的生产地之余，清洗功夫也要做足。加热食材固然会破坏部分营养，但因食材存在生菌的致病风险，故这道工序仍不能免除！当确保食材安全、无毒后，我们才可以谈到保存营养的大重点——不过度加热。把肉煮得太老、菜焖到枯黄，想必营养素就所剩不多了。

厨房里的准备功夫

洗和切

不同种类的食物对应着不同的清洗强度，生肉和蔬菜必须分开清洗，不能摆放在一起，以免生肉中大量的细菌污染到蔬菜了。

清洗蔬果最担心农药残留，以及运送过程中遭到环境、药物的污染，流动的水是最好的清洗帮手！先将蔬菜浸泡在流水中约 3~5 分钟后，再取出冲洗，担心用药重的蔬菜到此时再摘下叶片，并逐叶清洗，最后切下根部，将菜茎靠近根部的泥土用水搓掉。药肥重的蔬菜（如花椰菜），在浸泡冲洗后，要将花蕊取下再次洗净，最后再以滚水余烫。

根茎类、瓜型或果实状的食材，以软质毛刷刷洗表面，去蒂、去籽，然后再仔细清洗数次；需要去皮的，则等清洗完成后再削皮，这样才不会丧失大量的营养。

在烹煮之前，只要先把食材切成方便煮熟的大小就好。因为切得太细碎的食材，在烹煮过程中，营养很容易会被破坏殆尽。为了保存蕴含在食物中的珍贵营养素，请记得食物都要在烹煮完成后，给猫咪吃之前再弄碎！

本书使用的烹调方式

（水煮）

温度约 100℃，具有低温烹调的优势，水溶性营养素可能流失到水中。适合草酸较多的食物，例如菠菜、芦笋等，可避免吃进太多草酸，影响钙、铁的吸收；富含牛磺酸与水溶性维生素的食材（例如花椰菜）则不建议水煮。

（清蒸）

温度约 100℃，具有低温烹调的优势，相较于水煮可能使水溶性营养素流失到水中，清蒸只需控制合理的加热时间，不蒸太久，就可避免营养被破坏。

（清炒）

温度约 110~120℃，可以使用橄榄油、芥花籽油等不饱和脂肪酸的油脂，适合胡萝卜等含脂溶性维生素的蔬菜。

（慢煎）

控制为小火，温度约 130℃，适合禽畜肉品，可煎出肉的油脂与香气。

（低温烘烤）

温度约 100~130℃，适合含大量不饱和脂肪酸的鱼类，如鲑鱼、鲭鱼，可避免高温破坏鱼的脂肪营养。

（微波）

可在短时间内迅速加热食物，能保存较多的营养素。

2-5 建立营养品抽屉 🐾

在认真了解之前，
请不要以人类的立场准备食物给猫狗吃。

自然食物有其优势，但鲜食也有它的极限，医学
拥有治愈的力量，但医学也有其所不能为。请不
要轻易相信那些一味告诉你鲜食有多好，却隐蔽鲜
食需要额外补充知识的理论。

— Dr. Ellie《狗狗这样吃最健康》

2-6 为什么需要营养补充品 🐾

很多人以为，只要吃的食物新鲜、天然，尽量变化菜单，这样就足以让猫咪获得充足的营养。我必须老实说，很抱歉，如果不按照专业设计的食谱，没有依照指示在食物中补充营养品，事实上95%在自家任意制作的鲜食，都存在营养不足的问题，其中83%的菜单出现不止一种营养素不足。因此，大多数猫家长尽管准备的菜单丰富，可他们的猫咪仍长期处于特定营养素摄取不足的糟糕状态，实在是非常不应该的！

我自己在接受营养咨询时，也经常发现相同的问题一再重复出现，我认为中国台湾宠物鲜食目前一直存在特定营养素不足的隐忧，而我最担心自制猫咪鲜食缺乏的营养素排行榜如下。

> 第一名：钙
> 第二名：锌
> 第三名：碘
> 第四名：EPA 与 DHA
> 第五名：维生素 E
> 第六名：维生素 D
> 第七名：钠

大部分猫家长经常用来准备猫咪鲜食的材料，不外乎是禽畜肉、蛋、少许蔬菜、淀粉！虽然新鲜食材是健康的基础，但是大家知道吗？这些常用的食材大多数含钙不够、碘不足，维生素 E 也不多。

而在处理食物的过程中，不论运送、包装、存放，乃至下厨时的每一道准备工作，都会造成营养流失，煮食过程中的高温也会破坏牛磺酸、EPA 与 DHA，再加上猫咪跟人类不同，对于特定营养素的需求较高，一不小心，亲手送上的猫食很容易成为猫咪健康防护的漏洞。这时，其实只要适当加入营养补充品，就可以避免猫咪营养素摄取不足的情况，让猫咪吃得安心。

奇怪的是，我心中的第七名常见不足营养素是"钠"。其实在正常饮食中，所有食材多多少少都含有钠，但在中国台湾，猫家长普遍误以为鲜食就是"水煮、不加盐"的做法，钠不足竟成为中国台湾宠物鲜食常见的问题。

再次强调，营养素过多或过少，都算是营养不良，大家以为动物应该吃无盐料理，结果导致钠摄取过少，对于内分泌的调控也会逐渐造成影响。

正确的观念应该是要依据专业食谱制作料理，有些菜单需要适度加盐，有些菜单不必加盐就已含有足够的钠，不能一概而论。全部都吃无盐、无油的水煮料理，动物可是会生病的！

因为营养品形形色色，我建议大家将下列家中必备的一些营养品分别编号，分门别类逐一清点，列进猫咪的营养品抽屉中。我将猫狗的营养补充品，想象成做菜必备的柴米油盐，是饮食之必需，可以减少营养防护网的漏洞，让食谱更加完整。

添加时增一分则太多，少一分又失色，营养品就像调味料一样，需要细心衡量，添加合适的营养品，才能做出一道均衡完美的猫食。

① 号　钙质补充品

选择自制鲜食给猫咪吃的猫家长，第1个必备的营养品，就是钙质补充品，在猫咪的食物中，钙质含量必须添加得恰到好处。现代家猫的食物，已经不像以往会吃一整只老鼠，可以完整吃到老鼠的骨头、内脏、皮毛。现代人在家中喂猫咪的鲜食，是混合人类市场上一般可以购买得到的材料，不会有骨头跟皮毛，这样的食物，并非猫咪自己的选择。

猫咪理想的矿物质摄取，钙和磷之间的比例大约是 1：1~1.8：1。制作猫咪的鲜食因为肉占大部分，蔬菜、淀粉很少，而禽畜肉含有较多的磷，必须添加钙以维持磷的平衡。

如果长期吸收过多的磷，而没有平衡钙质，会带给体内调控钙磷平衡的内分泌极大的负担，造成内分泌失调的问题。也因为钙摄取不足，身体会自骨骼中汲取平衡血液中大量磷所需的钙质，使得猫咪骨质渐渐流失、骨头变得脆弱，当下腭骨受影响时，不仅下颚容易断裂，牙齿也会跟着松脱。

还记得前面说过，营养品就像猫咪的柴米油盐，多吃无益，还可能产生相反的效果。添加钙质，要拿捏得刚好落在跟磷的平衡范围内，补充过多钙质，可能造成猫咪便秘、腹痛、厌食、心律不齐（高血钙症状）。

饮食中若钙含量高，遇上菠菜、甘蓝菜、青椒等蔬菜中的草酸，会在肠道中与草酸结合，形成草酸钙结晶，随着粪便排出，这样猫咪便不会吸收到钙质，所以钙片需要跟食物分开喂。本书中的食谱皆注明了钙质的补充量，只要按照指示添加，是不会有问题的。

钙片或钙粉——请依照食谱建议量添加

就算使用了猫咪综合维生素／矿物质，也很难达到食物中的钙磷平衡，无论如何，家中还是必备纯钙粉。可以挑选市面上好吸收的乳酸钙、柠檬酸钙或葡萄糖酸钙，人类食用的也可以。在使用时看一下成分标识上的钙质含量，若每锭含 1000 毫克（mg）的钙，再依照书中指示的添加量，如注明须添加 250 毫克的钙，就将钙片平均分成四份，取其中的一份磨成粉混入食物中。

2 号　牛磺酸

猫咪对牛磺酸的需求量比其他动物高（在第 1 章中已跟大家讨论过），这也是为何猫咪若长期以狗粮为主食会造成心肌病变、视网膜退化的原因。而牛磺酸又是极易在烹煮料理过程中流失的营养素，因此被我列为自制猫咪鲜食中第 2 个必备的营养品。

牛磺酸大多来自动物性的食材，在牡蛎、干贝等海鲜中含量特别丰富，猫咪吃小型猎物时可获得的牛磺酸，相较于食用牛肉、羊肉、猪肉等时获得的更多。由于猫家长们在人类市场中，较难取得小鼠或兔肉等符合猫咪需要的食材，因此更有必要每日在猫咪食物中添加适量的牛磺酸。补充时请放心，牛磺酸的安全性很高，摄取过多的牛磺酸也不易产生副作用，相较起来，吃不够的后果才真让人担心。

在发生了猫咪食用干饲料导致缺乏牛磺酸，而造成许多猫咪心肌病变而死亡的悲惨事件后，现在凡是经认证的猫用饲料皆已添加了足量的牛磺酸，以合格饲料为主食的猫家长不必担心。但若是选择自制鲜食的猫家长，建议每天早晚在猫咪的食物中加入 150~200 毫克的牛磺酸，相当于猫咪一天总共会摄入 300~400 毫克的牛磺酸。

③ 号　锌

锌是动物体内含量仅次于铁的微量矿物质，具有优异的抗氧化力，能增强免疫力，是身体细胞进行各种生化反应的重要酶，也是影响血糖调控的重要物质。

天然的锌主要来自动物食材中，牡蛎、红肉或鸡蛋中的锌质含量丰富。猫咪的日常饮食中若缺乏锌，除了影响免疫系统，对于快速生长中的细胞，像皮肤、毛发，很快就会产生影响，造成脱毛、掉色与皮肤角化异常的现象。

为了弥补鲜食中常见的锌缺乏问题，锌成为自制猫咪鲜食的第3个必备的营养品。由于猫咪每日需要的量远远少于人类，一般建议以猫咪专用品牌为主，也可选择人用的锌，不过人用的剂量较高，请注意包装上每份的锌含量，如果每片为10毫克，而猫咪只需3毫克，就将锌片分成3等份加入，使用时依照食谱的建议剂量添加。

④ 号　猫咪用多种维生素 / 矿物质 / 氨基酸

我将每周的星期三和星期六定为猫咪的营养补给日，在这两个日子里，特别针对鲜食中常缺乏或易在烹煮过程中流失掉的营养素作为补充。购买前，请确认商品标签上明确标识的可提供猫咪需要而自制鲜食容易缺乏的维生素 A、维生素 D、维生素 E、维生素 B_3、维生素 B_6、硒、碘、锰、铜这些元素。

建议大家尽量寻找真正由食物萃取、包装上具有详尽营养标识、注明来源与产地，以及适合猫咪用量的专业品牌，并依照标识上的建议剂量为猫咪补充。

⑤ 号　鱼油

EPA 与 DHA 属于 Omega-3 脂肪酸，在海鲜的油脂中含量较多，中国台湾常见食用鱼的脂肪中，鲑鱼、秋刀鱼、鲣鱼、石斑鱼的含量较丰富，每 100 克的鱼肉中含 1500~3000 毫克不等，而在猪肉、鸡肉、蔬果中含量极少。在准备猫咪鲜食时，因为并非经常以这类食材为猫咪主食，建议大家每周至少在猫咪食物中额外加入一次鱼油。

不妨将每个星期天定为健康鱼油日，在这一天中分数次添加，为猫咪补充总共 100~200 毫克的 EPA 与 DHA。使用时将鱼油胶囊剪开，均匀混入猫咪的食物中。记得，鱼油不能承受高温，所以添加鱼油之前务必先让食物冷却下来，以免破坏其中的营养。

鱼油因为萃取不易，操作技术上有一定的难度，现代海洋的污染问题也须考虑，不论取自食物链阶层高的鱼类还是阶层低的鱼类，萃取的鱼油都必须彻底地过滤污染物。大家在选购鱼油产品时，要选择有品牌、信誉高的厂商，仔细检查产品的重金属检测报告，查询想购买的产品是否通过了政府的审核。

许多人用的鱼油商品中添加了维生素 E，可增加脂肪稳定性，对猫咪来说也能避免发生黄脂病。

> Dr. Ellie：
> 如果猫咪近期内有手术预约或任何可能造成出血的问题，请将三周内的健康鱼油日暂停！因为这类脂肪酸会干扰猫咪身体的凝血功能，让猫咪陷入失血过多的危险中。另外，如果你的猫咪有定期服用抗凝血药物或血栓溶解酶，也请与医生讨论鱼油补充的方式。

⑥号　益生菌、消化酶

在那些消化不良的日子里，可以为猫咪准备益生菌或消化酶。适当补充益生菌能增加猫咪肠道内的好菌数量，添加消化酶则可以让食物更好地被消化，减轻肠道的工作负担，也能减轻猫咪的不适。

有些老猫或天生肠胃机能较弱的猫咪，我会建议将这类营养品纳入必备项目。在第 4 章中会提到，猫咪进入熟龄期后，可能因为肠胃蠕动性变差，从而影响食物的消化吸收，不仅可能摄取不到充足的营养，也容易出现胀气、便秘等痛苦的症状。

⑦号　猫草香料罐 / 海藻粉罐 / 鲣鱼粉罐

7 号罐子是最神秘且特别的，除了具备营养补充的能力，同时也是猫咪喜爱的调味品。在猫咪食欲不振、要上医院等压力大的日子里，能让猫咪放松心情，享用美味加倍的食物，对猫家长来说，是不可或缺的常备品！

我推荐大家平常就让猫咪挑选好它喜欢的猫草，每只猫咪喜欢的香气不同，猫薄荷或木天蓼是很受猫咪欢迎的两种植物，一旦这种植物被猫咪认定为喜爱的味道，猫家长可在自行种植收成后，将其晒干剪碎，纳入 7 号罐子中，少量添加猫草在猫咪的食物中，可以摄取纤维，帮助猫咪肠胃蠕动，预防便秘。

海藻粉的用途跟猫草有些类似，一样能提供猫咪膳食纤维，除此之外，还能补充天然的碘、钠、钙等重要的矿物质。不过有的猫咪喜欢海藻粉，有的猫咪则不喜欢，一样需要猫家长事先观察猫咪的反应。

鲣鱼含丰富的 EPA 与 DHA、优良的蛋白质，同时鲣鱼粉也是香气四溢的调味料。如果你的猫咪喜欢，在那些令猫咪不开心的日子里，则可以贴心地为它拌在食物中。

2-7 清除猫咪的居家"毒药" 🐾

想打造最适合猫咪的居家环境,除了张罗前面提到的东西,有些东西则是我们要小心防范的。以下这些东西,千万不能让猫咪有机会吃下肚,一定要妥善收藏!家中的每一个成员都要清楚地知道这些食物是猫咪的禁忌。如果发现猫咪有误食的情况,请尽快联络信任的医院,带猫咪就医治疗。

猫咪的禁忌食物

葱蒜类(如洋葱、青葱、大蒜、韭菜),会造成溶血反应,严重的溶血需要输血才能保住性命。

葡萄、葡萄干会造成肾脏损伤,严重可能致命。

柑橘类(如柠檬、橘子、葡萄柚、柚子)的果皮油脂气味对猫咪来说太过刺激,可能引发猫咪过敏、皮肤红痒,长时间接触也有中毒致命的风险。

果核种子(如苹果、桃子、樱桃、水蜜桃、李子、梅子的果核)内含有氰化物,会造成猫咪恶心、呕吐、头晕、呼吸困难、黏膜颜色变深,甚至猝死。

巧克力、茶叶、茶、咖啡会刺激猫咪的中枢神经,过量误食会导致心动过速、过度喘气,甚至休克性死亡。

酒精会造成猫咪肝脏负担、肝衰竭。

口香糖内含木糖醇,代糖会造成猫咪的严重低血糖致死。

居家常见的"有毒"盆栽

　　百合花、郁金香、水仙花、金针花、牵牛花、一品红（圣诞红）、绣球花、海芋、夹竹桃、杜鹃花、鸢尾花、文殊兰、虞美人、茉莉花、绣球花、万年青、文竹、芦荟、常春藤、风信子、苏铁、冬青、孤挺花、槲寄生、铁线蕨，以上植物请避免出现在猫咪的生活环境中。

秋水仙的花、球茎、种子含生物碱，会造成猫咪腹痛、吞咽困难、呕吐、拉肚子、麻痹、抽筋、多重器官衰竭。

猫咪吃下百合花的任何部位，包含花粉，皆有可能出现呕吐、精神差、嗜睡、72 小时内肾衰竭的中毒症状。

苏铁会造成猫咪肝脏损害，刚开始有急性呕吐、拉肚子的症状，严重情况下会出现昏迷、癫痫或肝衰竭致死。

杜鹃或月桂含有木藜芦素，将造成猫咪癫痫、呕吐、无法站立、僵直或虚弱。

夹竹桃、铃兰、洋地黄等植物，会造成猫咪恶心、呕吐、心悸、心律不齐或心跳变慢，严重可导致猝死。

天南星科植物如黄金葛、常春藤、万年青、蔓绿绒等，猫咪误食将会出现口腔疾病，口腔烧灼、大量流口水、吞咽和呼吸困难。严重时造成肾脏、中枢神经损伤，出现兴奋、抽搐等症状。

具有"毒性"的人类用品

请注意，许多家中常用的驱虫良方，或者其他料理中常用的香料，乃至居家用品如药膏贴布、带麝香的香水等诸多香精油产品，由于猫咪的肝脏缺乏葡萄糖醛酸的转换酶，无法代谢精油内含有的化合物，对于药物代谢跟人不同，因此许多人用药品或产品对猫咪来说具有毒性。猫咪长时间接触，或者短时间过量服下，轻则头晕目眩、呕吐，严重的可能出现昏迷、抽搐等症状，甚至会肝衰竭致死。

郑重声明，我无意在我的书中推荐特定品牌的猫粮，但我也知道有些猫家长会有忙不过来的时候（包括我自己也是），某些时刻还是有求助猫粮的必要。为了帮助这些猫家长，我想还是必须教会大家如何找到安全、合适的宠物食品，以备不时之需。

目前，宠物食品标签都有一套明确的规则，可惜大多数人并不清楚，以至于常常见到包装上会刻意卖弄，用一些美好的文字来迷惑猫家长，进而让人倾向购买这包猫粮，而且一旦这样的花招奏效，其他制造商就会效仿，纷纷打印上相同的标语，不在乎这样的文字或要求背后真正的意义究竟多么无聊，或一点儿营养学概念也没有，像低敏、不含动物副产品、无谷等字眼，对猫咪真正的帮助不大。

学会读懂这些标签、洞悉销售策略，看待每包食品时心中会更加明白，不轻易被花言巧语诱骗。仔细研究后精心挑选出来的食品，就是适合替代鲜食供猫咪食用的快餐。但记住：快餐猫粮不能长久当作猫咪的主食，因为不论多么精美的猫粮，都比不上水分丰富的新鲜湿食。

读懂宠物食品标签

换算成干物重才公平

不论是在我的书中还是在食品标签上，常会看到"干物重"（Dry Matter）这个词。什么是以干物质基础（Dry Matter Basis）分析的营养标签呢？在每一份食物，如干粮、罐头、半湿食、鲜食中，都含有不同程度的水分，就算是干粮，也有大约10%的水分。

这些产品含有水分的多少不同，所有营养素的数值参考的标准也不同，所以无法做比较。当营养标签上标识了"干物质基础"，就表示在分析时，是把所有水分抽干，在没有水分多少不同的基准下，分析所得的营养百分比。这是非常重要的概念，唯有把水分这项不确定因素移除，所有营养素才能公平地做比较。

多数时候这些商品标签会将水分列入，并非用干物重分析，这时我们可以做一个简单的计算，去掉水分，让所有的食品标签可以被公平地检查。

这个方法很简单，首先你已大概知道干粮的水分含量估计是 10％，也就是说，干物质占了 90％；湿食的罐头和自制鲜食、生食含水量是 70％，故干物质只占 30％。或者，你也可以直接使用商品包装上标识的水分含量数值，100％去掉水分之后，就是干物质所占的比例。

换算干粮的干物质比例时，你可以拿出计算器，将干粮的所有营养素数字除以干物质比例 0.9，所得到的数字就是不含水分时，这个营养素所占的百分比。同样的计算方法应用在湿食上，将所有营养素数字除以 0.3，所得到的数字就是湿食的营养素以干物质为基础分析后的结果。

稍微有一点儿思路后，试着动手算算手边的宠物食品的标签上的内容，你会惊讶地发现，那些湿食包装上看似比较低的蛋白质含量，去掉水分再计算后，蛋白质比例往往会比干粮中的蛋白质含量更高。

原来，湿食的营养标识被大量水分稀释掉了。可想而知，同样体积的干粮，热量几乎会比湿食高出 3~4 倍之多，干粮的热量密度较高，难怪吃鲜食的猫咪身材大多比较好。

学会简单的计算后，以后看到宠物食品的标签，请经过计算后再比较内含的养分究竟有多少，你就会很清楚了。

但是，怎样的营养比例符合你亲爱的老猫需要？在第1章第3节"猫咪健康生活的秘密"中，已经整理过，请将换算出来的干物重百分比记下来，对照查阅。

阅读食材列表

接下来，我们要关心的是食品的用料。所选的食材的质量，影响了猫咪吸收的效率，更影响了猫咪的健康。我发现许多猫家长在挑选猫食的时候，只在乎这包食物是什么口味，猫咪爱不爱吃。我常常询问猫家长，"你选购这包食物的主要要求是什么？"往往得到的答案就只是："我的猫咪喜欢这个口味。"当然，要让猫咪吃得下是最重要的事，可是买到的食品，都是经过过度调味的，同时还添加了太多为了吸引猫咪食用的不良物质。

许多要求"低敏"的商业猫粮，常会标榜自己"无谷"，可是干粮很难做到不含碳水化合物。谷物往往不是导致猫咪过敏的主要原因，虽然它们吃太多的谷物会引起肠胃不适、拉肚子，但这只是因为猫咪先天生理上就不需要这么多难以消化的谷物。

许多猫家长以为，猫咪只要改吃无谷、低敏或含燕麦的食粮，就可以改善皮肤红痒的状况，那可就错了！造成猫咪过敏的原因有个体性的不同：有的猫咪对肉过敏，有的猫咪对蛋过敏，有的猫咪则是对花草植物过敏……

大多数猫咪的食物过敏原，其实是鸡肉、牛肉、羊肉，以及生活环境中的过敏原，较不常见的反而是谷物。如果猫咪的皮肤症状，真的是因为食物过敏而引起的，那么你需要注意的应该是那些常见的肉类，其次才是玉米、大豆。

市面上的猫粮，组成的内容物较复杂，不像鲜食的食材种类少，因此更要逐项阅读食材列表。假如你的猫咪刚好是鸡肉过敏的患者，而你仅仅是选择无谷、含有燕麦的饲料，却没有仔细阅读食材列表，结果刚好鸡肉粉就隐藏在密密麻麻的字里行间。可惜的是，由于你的猫咪还默默地、持续地接触让它过敏的食材，皮肤状况是不会有所好转的。

仔细阅读食材列表，比盲目跟随夸大的广告词汇，更加能找到适合猫咪的食物。

　　我鼓励大家不要嫌麻烦，一定要把包装袋翻到背面，确认一下食材列表。一份值得信赖的产品，标签上会把使用的材料清楚地列出来，供消费者参考。宠物食品素材列表的方式，有一套简单明确的规定：**排在前面的食材，表示含量最多**。一份优质的宠物食品，排在前五名的材料，应该是丰富的动物性蛋白质，例如鸡肉、牛肉、鹿肉、羊肉、鲑鱼等，或是干燥后的肉类产品，像鸡肉粉、羊肉粉。

　　这当中还须考虑到食材部位与含水量的问题，假如一份干饲料包装上依次写着：鸡肉、大豆粉、玉米麸、小麦粉。猛一看，似乎鸡肉是最多的材料，其实并不一定，因为大豆粉、玉米麸和小麦粉是去除水分后的产物，而带有水分的鸡肉在去掉70％的水之后，只剩下30％的干物质，大多时候其含量其实比大豆粉加玉米麸的总量还少。在这边特别要提醒大家，除了知道食材排列顺序表示食材含量多少，在评估含量时，也别忘了考虑食材的特性、含水量的不同。

　　干粮比较难避开许多高淀粉食品的混杂，即使标明"无谷"，还是可见到马铃薯之类的食材，这并不意外，因为要制成干粮，本就需要淀粉。但至少，我们可以通过阅读食材列表，明确猫咪的食物具备多少动物性蛋白质。

　　请确认食材列表的前五项食材，应该至少得看到两样优质蛋白质，像鸡肉、鸡脂肪、鲜肉粉等。达到这项标准，才算得上是以动物性食材为主要蛋白质的一份猫咪食粮。简单来说，你想让你的猫咪吃什么样的食物？是以鸡、牛、羊、鱼这些肉类为主的食物，还是以大豆粉、玉米麸为主的食物呢？那么，食材内容标签上的前五项食材中，请让这些名称榜上有名，而且至少占满两个名额。

其他保护猫咪安全的食品标签

制造日期、有效期限、热量、排除人工添加剂

我曾惊讶地发现，许多市面上的商品，并没有真正"完整的"食品标签！有一次，一位猫家长拿着一瓶罐头，请我帮忙看一下猫咪一天可以吃几罐的时候，我却找不到食品标签中关于这个罐头究竟含有多少热量的内容，你可以想象我当时有多么震惊。

这样的商品其实不合格，也不应该存在于市面上。然而，由于法规管理松散，这种随便的商品竟不难在商店中被发现。因此，每一次购买宠物食品时，务必逐一核对，就算是鲜食包、妙鲜包、生肉餐也要一视同仁地做检查。唯有确认食品具备完整标签，这样的商品才足以信任，也才可以安心地打开给猫咪吃。

需要逐一检查的项目

- 包装上具备打印清楚、容易理解的生产日期及有效期限。
- 营养分析：粗蛋白、粗脂肪、粗纤维、水分含量。
- 每份产品所含热量（卡路里）：可作为猫家长喂食分量的参考。
- 生产商的联系方式：产地、地址、服务专线。
- 是否通过 AAFCO 喂食测试：通常没有写就表示没有（虽然这项测试只能保证猫咪在食用后 6 个月内不会出问题，但连测试都没有通过的商品，难保不会出现更可怕的问题）。
- 是否含有人造色素、化学防腐剂或调味品：如 BHA、BHT、Ethoxyquin 等人工防腐剂。

最后，还有一件事要提醒大家！

许多商家为了避免商品营养分析中出现太多的碳水化合物，导致消费者反感，会巧妙地隐藏碳水化合物的分析结果，这样的标签只会列出蛋白质、脂肪、水分、灰分，而没有碳水化合物。

大家在看标签的时候，应该要反射性地在心中估算一下，将蛋白质、脂肪、水分相加之后，再看看还差多少数字才会达到100%。这当中相差的数字，大约就是碳水化合物的含量。标签上未列出，不代表碳水化合物不存在，而且其含量往往比你能想到的还要多。所以，我们必须清楚洞悉标签上的秘密。

学会以上的辨识技巧，逐条核对这些项目，当你筛选掉不合适、擅长隐匿实情的商品后，你将能替你的猫咪找到一款至少较符合它需要的宠物食品了。

2-9　智取挑食猫咪 🐾

　　老猫相较于年轻猫咪，容易出现食欲下降的现象，原因是它们的嗅觉、味觉变迟钝，活动力不如从前，肠胃蠕动比较慢，自然也不想吃东西。

　　话说回来，即便我们知道猫咪很可能是因为上述原因变得不爱吃东西了，在发现它的食欲下降时，第一件重要的事，应该还是跟家庭医师一起检查一下猫咪是不是哪里不舒服。

　　食欲不振可能是动物身体出问题的警告，不能忽视，小心确认猫咪的身体状况后，以下提供的对策，不仅可用在猫咪平常挑食、不爱吃饭的时候，对于猫咪生病时期的食欲不振，也能帮上一些忙。

对策 1　设计猫咪爱吃的菜单

平日的细心观察

　　如果是经常准备猫咪食物的猫家长，一定能从每日菜单中察觉猫咪喜爱哪些食物！这时，不妨将这几道食谱画上重点记号，遇到猫咪不爱吃东西的时候，这些食谱就能马上作为提起食欲的秘密武器。

对策 2　更改烹调方式

要是一直吃清蒸的料理，换作是人想必也会腻吧！猫咪也一样，烹调的方法需要有一点儿变化，即使是一样的菜单，也会造就不同的饮食体验，在猫咪食欲不佳的时候，尝试将料理弄得复杂一些。原本是水煮的料理，改成低温烘烤或香煎，更能散发出食物的香气，不会被水分冲淡了味道，这样一点点的改变，有的时候就能拯救一只不想吃饭的猫咪。

对策 3　温热食物

别忘了，猫咪热爱温热食物，保持食物在 25~35℃ 左右，最能勾起猫咪的食欲。温热的食物会让都市里的猫咪更贴近原始的狩猎记忆，像是在享受新鲜现抓的野味，同时，食物的香气也会变得更加鲜明诱人。

对策 4　美味加料

给食物加一点儿料，能增加料理的丰富度，以刺激猫咪的食欲。请拿出第 2 章第 4 节内容中提到的 7 号神秘罐子（参阅第 60 页），适量混入一点儿调味料，加重食物的口味，如果能新鲜现采一些猫草做点缀，那就更完美了！

> **猫食的高人气加料**
> 干酪、鸡蛋、柴鱼粉、肝酱、
> 带脂肪的牛肉、鲔鱼、猫草

这边提供的高人气加料，也请各位猫家长在平日里多加观察，因为不一定每只猫咪都会喜欢，口味也是"见猫见智"，必要时，猫家长也能自行开发一些自家猫咪爱吃的调味料。

一座猫咪的香草花园

猫咪不只会吃花，它们也爱尝些草叶。你应该会发现，你的猫咪对某些植物情有独钟，因为这些自然界中的化学物质能影响猫咪的行为，猫咪会沉醉于叶片的芳香中，会边嗅闻味道，边磨蹭，边嚼食。

各位猫家长不妨在家中开辟一座小花园，定期种植、收成这些猫咪喜爱的植物，不仅可帮助舒缓人与猫咪的生活压力，通过少量喂食猫草，天然的膳食纤维可促进肠胃蠕动、帮助排便与排毛发，对猫咪肠胃机能也很有帮助。以下介绍四种常见的植物，大家可以根据猫咪的喜好，挑选几株在家种植。

猫薄荷

又称猫穗草，有两百多个品种，会散发出一种独特的浓郁香味，可以帮助猫咪放松。猫薄荷含有一种天然的化学物质：荆芥内酯，与母猫发情时所产生的费洛蒙气味相似，而使猫咪着迷。猫咪脑内有独特的受体可以感受这种化学物质，当猫咪闻到猫薄荷的气味时，渐渐地它们会越来越陶醉，在地上打滚，或者用脸、身体去摩擦想多沾一点儿这种气味，心情也会放松、愉快。曾有科学家突发奇想想萃取出猫薄荷的兴奋物质，供人类使用，可惜的是，人类似乎没有同样的脑内受体，所以无法跟猫咪一起享用。

小麦草

　　仔细看，小麦草的叶片尖端，是不是排列着细小的绒毛？小麦草新鲜嫩叶上的纤维会刺激消化道，帮助肠胃蠕动，使排便更顺畅。换毛季时让猫咪吃小麦草能通过植物纤维促进肠胃蠕动，帮助毛球排出。在喂猫咪吃小麦草时，最好将根部的粗硬部分修掉，只给猫咪吃少量剪碎的嫩叶。记得不要贪心，让猫咪浅尝即止，不小心喂太多或太大一段小麦草，对猫咪的胃会过度刺激，而造成猫咪反胃、呕吐，就不是一件让猫咪放松的事情了。

木天蓼

　　木天蓼的叶子长约 8 厘米，夏季会开出白色五瓣的小花。跟猫薄荷一样，猫咪在遇见木天蓼时也会出现无比兴奋的反应。木天蓼是奇异果科植物（藤蔓植物），含有二氢猕猴桃内酯，跟猫薄荷的物质不同，但是同样能让猫咪如痴如醉。猫咪若是闻到或尝到木天蓼，渐渐地它们也会越来越陶醉，倒在地上扭动、翻滚，出现不停呼噜等特别亢奋的反应。

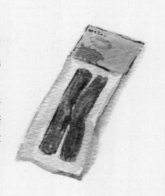

猫百里香

　　猫百里香又称猫苦草，猫百里香整株植物都有药用价值，它的气味同样能使猫咪感到放松。虽叫作猫百里香，但跟一般人们熟知的百里香没有关系，只因为猫咪酷爱那浓郁的香气而得名。有的人觉得它的味道怪异，可是许多猫咪却很喜欢挨在猫百里香那银灰色的叶子旁边，品味它的香气。猫百里香属于全日照多年生草本植物，在中国台湾栽种非常容易。

Chapter 3

给 猫 咪 一 整 年 的
健 康 料 理

不要太少，也不要太多，

用量身定做的营养知识，佐上一颗爱意满盈的心，

烹饪四季之鲜，调理旬味之美，

把这个世界上所有的美好，都捧到它的面前。

3-1 猫咪的健康饮食

如果我们可以给所有动物适当的营养和运动，
不要太少，也不要太多，我们就找到了一条通往健康的最安全的道路。
——医学之父 希波克拉提斯

也许你已满怀期待，准备好要亲手料理猫咪的食物。在本章中，我将把四季食材端上猫咪的餐桌，从初春的鲜果到寒冬盛产的清甜蔬菜，能把这个世界上所有的美好送到猫咪口中，是多么令人雀跃的事情啊，大家一定迫不及待了吧！但是，请稍等一等，在这之前，我还有两件事必须叮咛各位。

❶ 渐进换食——让猫咪跟新食物培养感情

这个夏天，你兴致勃勃地准备了一道猫咪从未吃过的料理：第 93 页的鳗鱼餐，兴高采烈地忙了一个下午，从厨房端出热气腾腾的烤鳗鱼，却发现你的猫咪根本不领情，看了一眼碗里的食物，转头就走。你感到无比挫败，这是为什么呢？又或者你的猫咪很体贴，虽不情愿，但还是勉强皱着眉吃了几口，结果过没多久，体贴的它开始剧烈呕吐、拉肚子，你慌张地抱着猫咪上医院求救，并在心中暗暗想着，再也不要让猫咪吃什么鲜食了！这真的好可惜，好的习惯才刚开始，马上就宣判猫咪与鲜食永别，为什么会发生这样的事情呢？

我说过，猫咪对于料理有其执着的一面，它们是相对保守的动物，要尝试新菜，通常在初期会非常谨慎地浅尝，或者干脆不吃。想让猫咪变换菜单，如果还不知道它对这项食材的反应，就全然、大幅去变动猫咪的食物，就如同我在前面的章节中提到的，这就像人们出去旅行会水土不服一样。猫咪的肠胃还没适应过来，大量的新食物"登门拜访"，就会酿成肠胃的灾难。

很多猫咪长年习惯吃干饲料，比如以好吃且重口味的洋芋片为主食，遇到鲜食反而会不知道那是什么，或者觉得实在太清淡了，好难吃！干脆拒绝吃鲜食。

从干饲料转换成鲜食，其实要花许多时间。猫咪是很重视感觉的动物，我们要做的，就是让它在不知不觉间，渐渐习惯新食物，一切诀窍，都在于循序渐进。我的方法是采取"十分之一渐进换食法"——目的是慢慢让猫咪与新食物培养感情。

刚开始，掺入十分之一的新食物，十分之九仍维持旧食物，之后慢慢增加比例，直到完全都是新食物为止。

换食的过程中，你必须留意猫咪是否可以接受这道新菜单，观察饮食反应，每增加一份新食物的比例，须观察一到两天猫咪的反应，确认一切正常后，才能再多添加一些比例。

猫咪对新食物的反应，一定不能有呕吐、拉肚子的状况，如果有，就退回上一步，恢复旧的比例或全部换回熟悉的食物。要是真的呕吐、腹泻非常严重，请带猫咪去看医生，告诉医生你正在为猫咪更换食物，医生会视猫咪的状况开具合适的药物，也会告诉你是否需要让猫咪禁食半天，使猫咪的肠胃得到休息。

如果你的猫咪很幸运，没有出现呕吐、腹泻等不舒服的状况，接着你还得多加留意粪便的形态。如果粪便成形、软硬适中是最佳的状况，表示猫咪可以妥善消化这些新食物。要是出现粪便软烂、粪便中带有未消化的食物时，就要思考，是否有食材对猫咪来说太难消化了？**难消化的食物请试着炖煮更久一些，或者用食物调理机打得更碎一些。**

我认识的一些猫咪，因为早已习惯各式各样的鲜食料理，在更换食物的时候，其实很少会有不适应的状况。但是在初期，我们宁可谨慎一些，毕竟要替猫咪张罗合适的食物本就不容易，更何况，猫咪面对变动，会更加难以调适，

请大家多一点儿耐心，也许要花上十天半个月的时间，甚至更久，才能让猫咪跟新食物培养出感情。虽然辛苦，但你成功为猫咪开启了这扇美食之窗，可以让它这一生品尝到更多世界上的美味，不管怎么想，都会觉得非常值得！

❷ 天天观察猫的 SAUD

我要叮咛的第二件事是，请花更多的时间观察陪了你十几年的猫咪。除了粪便形态，事实上，你必须知道更多。

猫咪步入熟龄期后，身体的代谢虽变慢，可是生理性老化却不会缓下脚步，仍会随着时间的流转而慢慢改变。这时，你怎么舍得不抓紧时间，欣赏猫咪身上的每一分改变，怎舍得不细看它的脸庞、身形与"华发"呢？

准备鲜食前，你要先比任何人更了解你的猫咪。通过每日观察，你会发现你的猫咪偏爱什么食材，或者讨厌哪些味道，更重要的是，你必须清楚你的猫咪对哪些食物会有消化不良、过敏等反应。

每只猫咪对食物的反应都是独特的，没有办法一概而论。如果这些你还不清楚，那么请先花些时间深入了解。

　　我鼓励各位猫家长，每日观察猫咪的SAUD。那么，什么是SAUD呢？其实是四个很简单的英文单词的首字母：S代表Spirit（精神）、A代表Appetite（食欲）、U代表Urination（排尿）、D代表Defecation（排便），这是猫咪生活中的四件大事。

　　观察猫咪的四件大事，像写日记时总会记录下某月某日的天气如何一样，自然而流畅。我衷心盼望各位猫家长可以准备一本笔记本，记录猫咪每一天的精神／食欲／排尿／排便。你可以这么记录：

奥利佛的日记

2017年6月21日　本日菜单：第93页的鳗鱼餐

S（精神）：佳／普通／差／嗜睡／其他……

A（食欲）：吃光／吃75%／吃50%／吃25%／不吃／其他……

U（排尿）：淡黄／浓黄／黄褐／淡红／红／寡尿／无尿／其他……

D（排便）：成形／偏软／软便／拉稀／便秘／其他……

其他观察：毛发OK，皮肤OK，牙齿OK，眼睛清澈，耳朵干净

小记：
奥利佛今天不想吃栉瓜，只挑肉吃，
粪便里没有未消化的食物。

其他部分的观察，像一天排尿几次，毛发颜色是否亮丽，皮肤有没有长东西，眼睛、耳朵、牙齿是否保持干净，体重跟体态有何变化，还有，粪便中是否有未消化的食物，是什么食物不好消化，吃到什么食物时皮肤会瘙痒，任何你观察到的现象，都可以记录下来。

我常戏说，兽医其实跟小儿科的医生一样，面对的都是一群不擅长表达自己哪里不舒服的小孩子。因为如此，身为与这些"小孩子"朝夕相处的猫家长，更应扮演好桥梁的角色，细心告诉医生所有观察到的现象，哪怕是芝麻绿豆的小事，都不能放过，如果连你都不知道，医生其实很难在门诊的那几分钟的时间里，从猫咪的外表看出什么异样。

亲爱的猫咪不会说话，又非常擅于"隐藏"自己的病痛，它们将许多细微的变化收藏在日常生活中，你必须自己去挖掘；对猫咪来说，身为猎食者，必须总是维持着威风凛凛的姿态，而实际身体状况如何，能够察觉端倪的猫家长，就是最好的传声筒。

记录下一些细微的征兆，更容易早期发现问题。我特别喜欢在一段时间之后，回头检查动物日记（在医院，就是动物病患的病历记录），那使我能洞悉这段时间中这只猫咪的变化。

为什么我要在各位猫家长动手制作鲜食之前，请大家这么做呢？

原因是，我无法估计你的猫咪对于不同食物的吸收能力如何，也无法确认它的消化能力到底好不好。自制鲜食有其限制性，我们不像是大品牌的饲料公司，能够执行 6 个月的饮食试验，观察猫咪对一包即将上市的饲料的反应如何。虽然通过数据计算，能确保所有食谱都含完整的营养，但就像人一样，每个人对食物的消化程度、吸收程度不尽相同，要如何得知猫咪能否获得妥善的营养呢？我可以明确告诉你，就是通过细心的观察，就像我知道自己吃太多糯米会胃痛一样。

那么，做足一切准备后，接下来请和你的猫咪一起尽情享用我精心设计的菜单，展开一段再美妙不过的旅程吧。

请保持谨慎的态度，陪伴你的猫咪，携手走过每一次的春暖花开时分。

Story "阿凡达"很幸运

　　"阿凡达"是一只个性温和的13岁美国短毛猫，因为有慢性肾病的问题，所以经常回我的门诊追踪身体状况。其实它本来有一个很时尚的名字，可是第一次帮它抽血时，我和助理越看它的脸，越觉得它宽宽的鼻梁很像"阿凡达"，于是它就这么获得了这个昵称，而它的主人并不知情。这个名字是一个全然只存在于我们处理室的亲昵呼唤，在候诊区我们还是喊它时尚的本名。

　　"阿凡达"10岁时开始出现病况，起初猫家长不以为然，回诊一两次后就不见踪影了。当时"阿凡达"体重5.5千克，还算健美，日子也过得相当快活，大概处于慢性肾病IRIS（国际兽医肾脏病协会）分期的第二期的状态。

　　我在三年后的春天再次遇见"阿凡达"，那时它因为变瘦、食欲不佳、精神不好来就医，门诊中发现它脱水严重（大约8%~10%），还流着口水，看起来有些想吐。我们安排了验血，结果不出所料，Creatinine（肌酸酐，肾指数）高达9.8，BUN（血中尿素氮）、Phosphorus（磷离子）数值都上升了，也因为呕吐，身体出现碱血症，还有离子不平衡及中度贫血。这时的"阿凡达"已处于IRIS分期的第四期，肾功能剩不到15%。

　　我和它的家人解释，"阿凡达"的状况并不好，可以说是很糟糕，需要住院治疗，肾脏的损坏早已无法挽回，能不能稳定下来、康复出院，我们无法保证。

　　"阿凡达"在医院住了约一个星期，打了造血针、校正了脱水与血液酸碱值后，精神好了些。我们再三叮咛猫家长，一定要每日早晚为猫咪打皮下点滴，还要按时喂药；如果猫咪不吃饭，要想尽办法让它吃饭，也能尝试针筒灌食或回来装喂管。

　　两个星期后回诊，"阿凡达"的家人说，因为它最近心情不好，打皮下点滴都会挣扎，所以这阵子都没有打到医生要求的量。结果，再次脱水的"阿凡达"其Creatinine达到了10以上。在第二次回诊时肾指数依旧持续往上攀爬，我脸色凝重地跟"阿凡达"的家人说："再这样下去，它的时间不多了。"

　　那天之后，"阿凡达"的家人开始振作起来。她不再容许"阿凡达"闹脾气，每天都会坚持打到足够的皮下点滴，并亲自喂"阿凡达"吃药、吃饭。当它食欲低落时，"阿凡达"的家人还找了许多种类的罐头，将成分与营养分析带来和我讨论可不可以喂，该怎么喂。后来我们也替"阿凡达"制订了两份菜单（其中一份菜单，被我收录在本书中），一点一滴努力找到它喜欢吃的食物。

　　在某次回诊时，我跟"阿凡达"的家人说："'阿凡达'很幸运，有你们这样的家人，用尽全力，没有忽视它的需求或放弃它。从刚开始我们都不知道它能否活下来，到现在开始期待每次回诊时它的精神都能更好一些，也能看见它在门诊室里到处探险的样子。"

　　"阿凡达"的家人笑了笑，和我道谢。

　　猫咪生病并不可怕，要看你以怎样的心情去面对，你可以很轻易地放弃，放手让猫咪离你而去，也可以选择正面迎战，不论结果如何，你曾经为心爱的猫咪奋斗过。"阿凡达"很幸运，因为它的家人是它的英雄。

春
Spring

··

$3\text{-}2$

春季食材

中国台湾春季的盛产蔬果中，青菜、彩椒最是鲜甜的，同时这个季节也是猫咪喜爱的木瓜、番石榴的产季。春暖花开的季节里，在猫料理中加入一点儿当季食材，和猫咪一起品尝春的滋味。

....

西蓝花

西蓝花是营养全面的超级蔬菜，维生素 K、维生素 C 含量丰富，能强化猫咪免疫功能。特殊芥蓝素成分可强化心肌功能、降低乳腺癌的发生率，另含萝卜硫苷能预防消化道疾病。西蓝花同时可补充钙与铁，提供造血原料、维持骨质。

青椒 / 彩椒

青椒 / 彩椒富含铁、维生素 C、烟碱酸、茄红素，具有优秀的抗氧化效果，可预防心脏病、癌症与视力退化。

四季豆

四季豆含铜，铜是身体不可或缺的微量元素，对造血、神经系统、维持免疫力、毛发与骨骼生长有重要的影响。四季豆的膳食纤维大多属于非水溶性，有助于促进肠胃蠕动、消除猫咪便秘的问题。

番石榴

番石榴含钾、非常丰富的维生素 C、维生素 B 群、丙氨酸、胱氨酸，具有天然的神经稳定性，帮助猫咪对抗紧张、压力。番石榴的纤维量高，可提供饱足感，促进肠胃蠕动。给猫咪吃之前，记得先去籽，以免阻塞它的肠胃。

木瓜

木瓜的营养丰富度仅次于水果之王——奇异果，维生素 A、维生素 C 含量高，有益减缓老化，且 GI（血糖生成指数）值低，不容易造成血糖骤升。木瓜肉中所含的果胶为水溶性膳食纤维，再加上天然的木瓜酶，可大幅改善消化不良的问题，帮助提升猫咪的肠道机能。

食谱 1　　鸡肉餐

Ingredient 材料

去皮鸡里脊肉‥70 g
鸡蛋 ‥‥‥‥ 1 颗
新鲜鸡肝‥‥ 25 g
绿花椰菜蕊‥‥ 10 g
木瓜 ‥‥‥‥ 10 g
无盐牛油 ‥‥‥‥ 8 g

Nutrient Content 营养成分

钙 ‥‥‥‥‥‥ 250 mg
锌 ‥‥‥‥‥‥ 3 mg

Nutrition Fact 营养分析

热量 ‥‥‥‥‥ 239 kcal
蛋白质 ‥‥‥‥‥ 60 %
脂肪 ‥‥‥‥‥ 30 %
总碳水化合物 ‥‥‥ 6 %
　膳食纤维 ‥‥‥‥ 1 %
灰分 ‥‥‥‥‥ 4 %
　钠 ‥‥‥‥‥ 0.2 %
　钙质 ‥‥‥‥‥ 0.64 %
　钙磷比 ‥‥‥‥ 1.07

How to Cook 做法

1 用无盐牛油热锅后依次加入去皮鸡
里脊肉、新鲜鸡肝、绿花椰菜蕊，
鸡蛋打散后倒入锅内，炒至熟透。

2 打碎降温后拌入木瓜与营养品。

 蛋白质 45%
脂肪 51%
淀粉 4%

※ 营养以干物重分析（即去掉水分后的状态）
※ 搭配 " 2–5 建立营养品抽屉 " 一节中所建议的每日或每周营养补充品使用

食谱 2　牛腿鸡心餐

Ingredient 材料

牛后腿股肉 ····· 70 g
鸡蛋 ········· 1 颗
鸡心 ········· 25 g
绿花椰菜 ····· 10 g
番石榴 ······· 10 g
无盐奶油 ······ 8 g

How to Cook 做法

1 热油锅后依次加入食材炒至熟透。

2 打碎降温后拌入番石榴与营养品。

Nutrient Content 营养成分

钙 ············ 250 mg
锌 ············ 3 mg

Nutrition Fact 营养分析

热量	280 kcal
蛋白质	51 %
脂肪	42 %
总碳水化合物	5 %
膳食纤维	1 %
灰分	2 %
钠	0.24 %
钙质	0.6 %
钙磷比	1.09

■ 蛋白质 34%
■ 脂肪 63%
■ 淀粉 3%

※ 营养以干物重分析（即去掉水分后的状态）
※ 搭配 "2-5 建立营养品抽屉" 一节中所建议的每日或每周营养补充品使用

食谱 3　　鸡肝小羊餐

Ingredient 材料

小羊肉片 ······ 120 g
鸡肝 ··········· 20 g
薄荷叶 ········· 10g
葵花油 ······· 一茶匙

How to Cook 做法

1　热油锅后依次煎熟肉片与鸡肝。

2　打碎降温后铺上切碎的薄荷叶与营养品。

Nutrient Content 营养成分

钙 ··············· 150 mg
锌 ··············· 2 mg

Nutrition Fact 营养分析

热量 ············· 309 kcal
蛋白质 ··········· 53 %
脂肪 ············· 43 %
总碳水化合物 ······ 1 %
　膳食纤维 ········ 1 %
灰分 ············· 3 %
　钠 ············· 0.21 %
　钙质 ··········· 0.35 %
钙磷比 ··········· 1.07

■ 蛋白质 33%
■ 脂肪 59%
■ 淀粉 8%

※ 营养以干物重分析（即去掉水分后的状态）
※ 搭配"2-5 建立营养品抽屉"一节中所建议的每日或每周营养补充品使用

食谱 4　　松阪猪肉餐

Ingredient 材料

松阪猪 ········· 70 g
猪心 ·········· 80 g
红彩椒 ········· 10 g
黄彩椒 ········· 10 g
低钠盐 ········· 0.3 g
橄榄油 ········· 4 g

Nutrient Content 营养成分

钙 ·············· 300 mg
维生素 A ········ 350 μg
维生素 E ········· 3 mg

Nutrition Fact 营养分析

热量 ·········· 270 kcal
蛋白质 ············ 50 %
脂肪 ·············· 40 %
总碳水化合物 ········ 6 %
　膳食纤维 ·········· 1 %
灰分 ·············· 4 %
　钠 ············· 0.3 %
　钙质 ··········· 0.66 %
钙磷比 ············ 1.15

How to Cook 做法

1 橄榄油热锅后依次煎熟松阪猪、猪
　　心与红、黄彩椒。

2 打碎降温后拌入低钠盐与营养品。

■ 蛋白质 34%
■ 脂肪 62%
■ 淀粉 4%

※ 营养以干物重分析（即去掉水分后的状态）
※ 搭配"2-5 建立营养品抽屉"一节中所建议的每日或每周营养补充品使用

夏
Summer

3-3

夏季食材

炎炎夏日，选择一些清凉、低热量的瓜果、菇类给猫咪消暑解热吧！硕果累累的季节，无论是拌炒、烘烤，还是炖汤，简简单单地，将夏之美味装点成各种风貌呈现在猫咪的餐桌上。

鸿喜菇

鸿喜菇是高纤维、低热量的食物，含多糖体，其含有的硒元素可抗老化、增强免疫力。

空心菜

空心菜的粗纤维可促进肠胃蠕动、改善便秘的问题，其叶黄素、维生素C含量丰富。

茄子

茄子含维生素E，可稳定脂肪，避免身体组织过度发炎。茄子的膳食纤维与皂苷一样，可降低胆固醇，而茄子的紫色外皮可对抗自由基，且含有的花青素可抗癌，不可以贸然去皮，一条色泽艳丽的茄子是猫咪的健康食品。

栉瓜

栉瓜的糖分低，维生素C含量高，可提供猫咪钙质与少量纤维。在盛夏时采收，烘烤后口感滑嫩鲜甜，是猫咪的营养轻食。

冬瓜

冬瓜是含水量高，维生素C含量也高的食物。它具有清热、消暑、利尿之效，可辅助猫咪对抗肾脏疾病。

食谱 1　　鸡腿肉餐

Ingredient 材料

带皮鸡腿肉 ······100 g
鸡肝 ··············· 20 g
鸿喜菇 ············ 20 g
巴西里碎叶 ········· 4g
橄榄油 ············ 1 茶匙

How to Cook 做法

1 将带皮鸡腿肉放入锅中小火干煎，慢慢煎出油脂。

2 利用鸡油炒熟鸡肝、鸿喜菇与巴西里碎叶。

3 打碎降温后拌入橄榄油与营养品。

Nutrient Content 营养成分

钙 ······················ 200 mg

Nutrition Fact 营养分析

热量 ················· 245 kcal
蛋白质 ················· 51 %
脂肪 ··················· 43 %
总碳水化合物 ··········· 3 %
　膳食纤维 ············· 1 %
灰分 ··················· 3 %
　钠 ·················· 0.30 %
　钙质 ················ 0.52 %
钙磷比 ················· 1.05

　蛋白质 35%
　脂肪 64%
　淀粉 1%

※ 营养以干物重分析（即去掉水分后的状态）
※ 搭配 " 2-5 建立营养品抽屉 " 一节中所建议的每日或每周营养补充品使用

食谱 2　　牛小排餐

Ingredient 材料

去骨牛小排 ········· 80 g
冬瓜 ················· 10 g
香菜 ················· 10 g
含碘低钠盐 ··· 0.3 g

How to Cook 做法

1　用 50mL 的滚水炖煮切块的冬瓜与
　　去骨牛小排。

2　熟透后加入香菜与含碘低钠盐。

3　打碎降温后拌入营养品。

Nutrient Content 营养成分

钙 ························· 120 mg
维生素 A ··········· 350 μg
维生素 E ··············· 3 mg
含碘猫用综合营养品 ······· 依标签

Nutrition Fact 营养分析

热量 ··············· 237 kcal
蛋白质 ················ 45 %
脂肪 ·················· 47 %
总碳水化合物 ············· 5 %
　膳食纤维 ·············· 1 %
灰分 ··················· 3 %
　钠 ·················· 0.30 %
　钙质 ··············· 0.36 %
　钙磷比 ··············· 1.05

蛋白质 29%
脂肪 68%
淀粉 3%

※ 营养以干物重分析（即去掉水分后的状态）
※ 搭配 "2-5 建立营养品抽屉" 一节中所建议的每日或每周营养补充品使用

食谱 3　田鸡餐

Ingredient 材料

田鸡 ……… 90 g
鸡蛋 ……… 40 g
九层塔 ……… 3 g
空心菜 ……… 10 g
奶油 ……… 8 g
鱼油 ……… 2 g

Nutrient Content 营养成分

钙 ……………… 180 mg
锌 ……………… 2 mg
维生素 A ……… 200 µg
维生素 C ……… 4 mg

Nutrition Fact 营养分析

热量 ……………… 231 kcal
蛋白质 …………… 59 %
脂肪 ……………… 34 %
总碳水化合物 …… 4 %
　膳食纤维 ……… 1 %
灰分 ……………… 3 %
　钠 …………… 0.30 %
　钙质 ………… 0.98 %
　钙磷比 ……… 1.06

How to Cook 做法

1　鸡蛋打散。

2　奶油热锅后加入田鸡、鸡蛋炒熟。

3　起锅前加入九层塔与空心菜拌炒。

4　打碎降温后拌入鱼油与营养品。

蛋白质 42%
脂肪 56%
淀粉 2%

※ 营养以干物重分析（即去掉水分后的状态）
※ 搭配"2-5 建立营养品抽屉"一节中所建议的每日或每周营养补充品使用

食谱 4　　鳗鱼餐

Ingredient 材料

鳗鱼 ·········· 50 g
绿栉瓜 ·········· 20 g
鸡蛋 ·········· 1 颗
鱼油 ·········· 2 茶匙
含碘低钠盐 0.3 mg

Nutrient Content 营养成分

钙 ·········· 180 mg
锌 ·········· 1 mg
维生素A ·········· 210 μg

Nutrition Fact 营养分析

热量 ·········· 214 kcal
蛋白质 ·········· 48 %
脂肪 ·········· 46 %
总碳水化合物 ·········· 1 %
　膳食纤维 ·········· 1 %
灰分 ·········· 5 %
　钠 ·········· 0.40 %
　钙质 ·········· 0.70 %
钙磷比 ·········· 1.05

How to Cook 做法

1 烤箱 150℃预热 5 分钟，鳗鱼与切块的绿栉瓜一起烘烤约10~15 分钟。

2 另起一锅滚水，熄火将鸡蛋打入水中后盖上锅盖焖 5 分钟之后捞起。

3 加入食材与含碘低钠盐，打碎降温后拌入鱼油与营养品。

■ 蛋白质 42%
■ 脂肪 56%
■ 淀粉 2%

※ 营养以干物重分析（即去掉水分后的状态）
※ 搭配"2-5 建立营养品抽屉"一节中所建议的每日或每周营养补充品使用

秋
Fall

....

3-4

秋季食材

以夏末之瓜开启秋的序幕，中国台湾的秋季，牡蛎盛产，此时品尝味道最鲜。市场里藏着艳艳秋意，是南瓜夺目的红，是自家种的紫苏，逛着、望着，带回些枫红献给亲爱的猫咪。在凉爽的秋夜，热一碗浓汤，点燃猫咪的食欲之秋。

⋯⋯⋯⋯⋯⋯⋯⋯⋯⋯⋯⋯⋯⋯⋯⋯⋯⋯⋯⋯⋯⋯⋯⋯⋯⋯⋯⋯⋯⋯

(南瓜)

南瓜的膳食纤维有助于粪便成形，促进肠胃吸收营养。南瓜含维生素 C、维生素 E，具有优异的抗氧化力。

(紫苏)

紫苏叶含丰富的维生素 C、维生素 B_2、维生素 E，可增强猫咪的免疫力，具有轻微的血栓抑制作用，帮助预防猫血栓症。

(胡瓜)

胡瓜中含有丰富的维生素 E，有抗衰老的作用；含有的丙氨酸、精氨酸对肝脏有益；富含的维生素 B_1 可以维持神经系统的健康。

食谱 1　　南瓜鸡肉浓汤

Ingredient 材料

鸡腿肉 ········ 80 g
熟鸡蛋 ········ 1 颗
胡瓜 ·········· 15 g
南瓜 ·········· 5 g
酸奶 ·········· 15 g

Nutrient Content 营养成分

钙 ·················· 180 mg
维生素 A ············ 200 μg

Nutrition Fact 营养分析

热量 ················· 210 kcal
蛋白质 ················ 52 %
脂肪 ·················· 36 %
总碳水化合物 ·········· 9 %
　膳食纤维 ············ 1 %
灰分 ·················· 3 %
钠 ·················· 0.38 %
钙质 ················ 0.60 %
钙磷比 ··············· 1.02

■ 蛋白质 37%
■ 脂肪 57%
■ 淀粉 6%

How to Cook 做法

1 除酸奶外，所有食材用果汁机打
　　成泥。

2 煮 50mL 的滚水，倒入除酸奶外的食
　　材炖煮熟。

3 降温后拌入酸奶与营养品。

※ 营养以干物重分析（即去掉水分后的状态）
※ 搭配"2-5 建立营养品抽屉"一节中所建议的每日或每周营养补充品使用

食谱 2 蚵仔餐

Ingredient 材料

牡蛎肉（蚵仔）⋯ 20 g

猪小排 ⋯⋯⋯⋯ 80 g

猪肝 ⋯⋯⋯⋯⋯ 10 g

金针菇 ⋯⋯⋯⋯ 20 g

奶油 ⋯⋯⋯⋯⋯ 5 g

Nutrient Content 营养成分

钙 ⋯⋯⋯⋯⋯ 180 mg

维生素 C ⋯⋯⋯⋯ 3 mg

Nutrition Fact 营养分析

热量	265 kcal
蛋白质	45 %
脂肪	45 %
总碳水化合物	7 %
膳食纤维	1 %
灰分	3 %
钠	0.33 %
钙质	0.50 %
钙磷比	1.05

- 蛋白质 29%
- 脂肪 67%
- 淀粉 4%

How to Cook 做法

1 奶油热锅后加入猪小排煎熟。

2 接着放入牡蛎肉、猪肝、金针菇炒熟。

3 打碎降温后拌入营养品。

※ 营养以干物重分析（即去掉水分后的状态）

※ 搭配 " 2–5 建立营养品抽屉 " 一节中所建议的每日或每周营养补充品使用

食谱 3　　牛心鲔鱼餐

Ingredient 材料

鲔鱼肚 ········· 60 g
牛心 ········· 20 g
鸡蛋 ········· 1 颗
橄榄油 ········· 2 茶匙
含碘低钠盐 ·· 0.5 g

Nutrient Content 营养成分

钙 ·················· 150 mg
维生素 A ·········· 300 μg
含碘猫用综合营养品 ·· 依标签

Nutrition Fact 营养分析

热量 ················· 261 kcal
蛋白质 ·············· 60 %
脂肪 ················· 30 %
总碳水化合物 ········· 8 %
　膳食纤维 ·········· 2 %
灰分 ················· 2 %
钠 ················· 0.37 %
钙质 ················· 0.41 %
钙磷比 ·············· 1.15

How to Cook 做法

1　起油锅，煎熟所有食材。

2　起锅前加入含碘低钠盐。

3　打碎降温后拌入营养品。

■ 蛋白质 44%
■ 脂肪 51%
■ 淀粉 5%

※ 营养以干物重分析（即去掉水分后的状态）
※ 搭配"2-5 建立营养品抽屉"一节中所建议的每日或每周营养补充品使用

食谱 4　　**鳕鱼餐**

Ingredient 材料

鳕鱼 ·········100 g
虾仁 ·········· 5 g
紫菜 ·········· 3 g
紫苏叶 ·········10 g

How to Cook 做法

1 所有食材一同放入电饭锅蒸熟。

2 降温后剔除鱼刺，打碎后拌入营养品。

Nutrient Content 营养成分

钙 ·········· 120 mg
锌 ·········· 3 mg
维生素 A ·········· 250 μg

Nutrition Fact 营养分析

热量 ··········	211 kcal
蛋白质 ··········	42 %
脂肪 ··········	44 %
总碳水化合物 ··········	10 %
膳食纤维 ··········	5 %
灰分 ··········	4 %
钠 ··········	0.34 %
钙质 ··········	0.50 %
钙磷比 ··········	1.02

■ 蛋白质 29%
■ 脂肪 67%
■ 淀粉 4%

※ 营养以干物重分析（即去掉水分后的状态）
※ 搭配"2-5 建立营养品抽屉"一节中所建议的每日或每周营养补充品使用

冬
Winter

3-5

冬季食材

一年之末，家家户户张罗着过节，我想将冬天时而寒冷宁静、时而热闹的氛围装进猫咪的食谱里，以冬季蔬果华丽渲染四道美味料理。与猫咪一同过节时，别忘了为它准备我们诚挚的心意。

....

西洋芹

西洋芹富含维生素 B 群、维生素 C、磷，其钙质含量高。另外，芹菜叶片中碘、铁的含量丰富，可补充平常较难得获取的微量元素。

牛西红柿

以油脂煎炒可炒出牛西红柿的番茄红素，其具有强大的抗氧化效果。牛西红柿的维生素 C 可帮助铁质吸收，也可提供丰富的叶酸与维生素 A、钾。

青江菜

青江菜钙含量高，也含有深绿色蔬菜具备的丰富叶酸、维生素 C。青江菜的草酸含量较低，较不易造成钙质难以吸收的问题。

绿芦笋

绿芦笋富含的维生素 B_1 是西红柿的 3~6 倍，烟碱酸是西红柿的 3~7 倍，其营养价值极高。绿芦笋所富含的维生素 E、维生素 C 与微量元素硒，皆可抗癌。绿芦笋中含有木糖寡糖与水溶性纤维，有益体内益菌的生长，可强健消化机能。不过，部分猫咪对于高纤维的绿芦笋无法妥善消化，须注意。

食谱 1　鸭胸餐

Ingredient 材料

鸭胸肉 …… 80 g
茅屋干酪 …… 20 g
西洋芹叶 …… 5 g
无盐牛油 …… 10 g

Nutrient Content 营养成分

钙 …… 210 mg
锌 …… 1 mg
叶酸 …… 5 µ g
维生素 C …… 3 mg
维生素 A …… 300 µ g
维生素 E …… 1 mg

Nutrition Fact 营养分析

热量 …… 192 kcal
蛋白质 …… 58 %
脂肪 …… 37 %
总碳水化合物 …… 2 %
　膳食纤维 …… 0 %
灰分 …… 3 %
　钠 …… 0.4 %
钙质 …… 0.69 %
钙磷比 …… 1.02

How to Cook 做法

1　热锅融化无盐牛油后放入鸭胸肉，
　煎熟后起锅。

2　打碎降温后拌入切碎的西洋芹叶、
　茅屋干酪与营养品。

蛋白质 41%
脂肪 58%
淀粉 1%

※ 营养以干物重分析（即去掉水分后的状态）
※ 搭配"2-5 建立营养品抽屉"一节中所建议的每日或每周营养补充品使用

食谱 2   菲力牛排餐

Ingredient 材料

菲力牛排 ⋯⋯⋯ 90 g
猪肝 ⋯⋯⋯⋯ 20 g
鸡蛋 ⋯⋯⋯⋯ 1 颗
西蓝花蕊 ⋯⋯ 15 g
鱼油 ⋯⋯⋯⋯ 1 茶匙

How to Cook 做法

1 起油锅，菲力牛排煎至半熟。

2 加入剁碎的猪肝、西蓝花蕊炒熟。

3 另起一锅滚水，熄火后将鸡蛋打入水中，盖上锅盖焖 5 分钟，然后捞起。

4 打碎降温后拌入营养品。

Nutrient Content 营养成分

钙 ⋯⋯⋯⋯⋯⋯ 300 mg

Nutrition Fact 营养分析

热量 ⋯⋯⋯⋯⋯ 285 kcal
蛋白质 ⋯⋯⋯⋯ 55 %
脂肪 ⋯⋯⋯⋯⋯ 38 %
总碳水化合物 ⋯⋯ 3 %
　膳食纤维 ⋯⋯⋯ 1 %
灰分 ⋯⋯⋯⋯⋯ 4 %
　钠 ⋯⋯⋯⋯ 0.22 %
　钙质 ⋯⋯⋯ 0.65 %
　钙磷比 ⋯⋯⋯ 1.13

■ 蛋白质 39%
■ 脂肪 59%
■ 淀粉 2%

※ 营养以干物重分析（即去掉水分后的状态）
※ 搭配 "2-5 建立营养品抽屉" 一节中所建议的每日或每周营养补充品使用

食谱 3　　羊肉餐

Ingredient 材料

带皮山羊肉·······100 g
绿芦笋··············10 g
茄子··················10 g
大豆油··········2 茶匙
含碘低钠盐
····················0.5 g

How to Cook 做法

1 起油锅，煎熟带皮山羊肉、绿芦笋
与茄子。

2 打碎降温后拌入含碘低钠盐与营养
品。

Nutrient Content 营养成分

钙·····················150 mg
叶酸··················4 mg
维生素 C···········4 mg
维生素 A·········350 μg

Nutrition Fact 营养分析

热量···············256 kcal
蛋白质·············46 %
脂肪·················41 %
总碳水化合物·········10 %
　膳食纤维············1 %
灰分·················3 %
钠····················0.38 %
钙质·················0.37 %
钙磷比···············1.18

蛋白质 31%
脂肪 63%
淀粉 6%

※ 营养以干物重分析（即去掉水分后的状态）
※ 搭配 "2-5 建立营养品抽屉" 一节中所建议的每日或每周营养补充品使用

食谱 4   鲭鱼餐

Ingredient 材料

鲭鱼肉 ········· 70 g
鸡蛋 ········· 2 颗
牛西红柿 ······ 10 g

Nutrient Content 营养成分

钙 ·················· 400 mg
锌 ·················· 10 mg
维生素 A ·········· 400 μg

Nutrition Fact 营养分析

热量 ·············· 432 kcal
蛋白质 ················ 39 %
脂肪 ·················· 51 %
总碳水化合物 ············ 7 %
膳食纤维 ·············· 3 %
灰分 ·················· 3 %
钠 ·················· 0.2 %
钙质 ················ 0.67 %
钙磷比 ················ 1.0

How to Cook 做法

1 以 150℃预热烤箱 5 分钟后，放入
鲭鱼肉烘烤10分钟，降温后剔除鱼刺。

2 另起一锅滚水，将打散的蛋液倒入
滚水中静置 30 秒后，搅动水面使蛋
液变成蛋花，然后捞起。

3 打碎降温后拌入切碎的牛西红柿与
营养品。

■ 蛋白质 25%
■ 脂肪 72%
■ 淀粉 3%

※ 营养以干物重分析（即去掉水分后的状态）
※ 搭配"2-5 建立营养品抽屉"一节中所建议的每日或每周营养补充品使用

健康点心

自制酸奶
· ·

外面销售的酸奶制品，都不免加了一些香料、添加物或固形剂，对于代谢解毒方式与人类不同的猫咪，我倾向于自制酸奶来帮它们补充好菌。给猫咪吃酸奶，有助于缓解它们排便不顺或肠胃机能减弱时的不舒服状况，还能顺便让猫咪多喝水，是营养又健康的点心！

中国台湾销售的酸奶菌种，常见的有乳酸菌和克菲尔菌。乳酸菌属于高温菌，适合发酵温度为 42~45℃，发酵时间约 4~8 小时；克菲尔菌则属于低温菌，最佳发酵温度为 20~25℃，发酵时间约 12~20 小时。依厂商不同，有不同建议发酵时间与建议用量。不论哪一种，酸奶滑顺的口感，都很适合给猫咪吃。

建议大家尽量挑选市面上无菌培植、具有完整包装、未经分装的干燥菌粉。还有，自制酸奶给猫咪吃之前，所有容器都要先用滚水消毒，如果不是使用新买的、未开封的鲜乳，也要事先将鲜乳隔水加热，这么做才能避免杂菌混入好菌中。每次制作给猫咪吃的酸奶，最好在 10 天内吃完，如果猫咪吃不完，那这么可口的点心，我想，猫家长应该也很乐意代劳吧。

做法

1 将鲜奶倒进已消毒的密封容器中，鲜奶量依照各厂商标识加入。

2 倒入菌粉，使用消毒过的搅拌棒，搅拌均匀后密封。

3 如果选择制作高温菌，则将密封容器静置于酸奶机或电饭锅中保温约4~8小时；
如果选择制作低温菌，则将密封容器静置于室温约12~20小时。

4 每 30g 酸奶可添加 5g 自制无糖蓝莓酱、蔓越莓酱、桑葚酱。新鲜莓果含有酸、前花青素，可预防泌尿道发炎，有助于维持猫咪泌尿系统的健康。

自制无糖果酱：
做法比人类食用的果酱简单多了！
只需要拣几颗新鲜莓果，彻底洗净之后，放入果汁机中打成浆即可。

自制肉干

自制肉干是用简单的方法，把肉品的水分脱去，制成方便携带、保存期限比鲜肉更长，且香气浓郁的天然零食。许多猫家长担心销售零食的肉品来源，也对于是否含有过多的人工添加物存疑，转而开始花心思自制肉干。

不论是带猫咪出门玩耍或上医院看病，或是去许多重要、充满压力的场合，带上猫咪最爱的肉干零食，可帮助它放松心情。因此，虽然肉干的水分含量少，也不含完整营养素，绝非猫咪的最佳食物，但我还是认为有其必要。我将自制肉干定义为猫咪的心情放松良品，用来缓解其紧张与压力，所以我的自烘肉干配方不只有肉，还会加入猫咪喜爱的猫草。

> Tips：
> 肉干虽好吃，但请不要一次给猫咪吃太多，尤其是老猫，除了肉干比鲜肉较难消化，零食吃太多若让猫咪饱到不吃正餐，那么猫咪就不健康了。

做法

1 准备肉品与猫咪喜爱的猫草。
2 将肉薄切后，撒上猫草，以捶肉器将猫草拍入肉片的肌理中，顺便将肉片拍薄。
3 将肉片平铺于烘干机上。
4 设定温度为 70~73℃，烘制12小时。
5 制作完成后，将肉干密封、干燥保存，
　 请于两周内食用完毕。

Chapter 4

猫咪生病期间的营养、饮食与照护指南

为慢性病猫咪撰写的营养、饮食与照护指南，

让 Dr. Ellie 跟你一起，

优雅且有余力地去应对各种疾病与变化，

让心爱的猫咪能够活好、善终。

4-1 猫咪的十大死因 🐾

　　在医院看过太多生离死别的场景，我最不舍的，是带着遗憾的道别。于是我经常问猫家长："你想给你的猫咪怎样的一生？"让猫家长认真思考：从猫咪出生、茁壮到年老，该如何小心呵护身边这个天真的小伙伴。因为无可避免地，我们都得正面迎接亲爱的猫咪走向死亡的课题，照顾它的这一生，我们有没有尽全力呢？这关系着我们将以什么姿态跟猫咪说再见。

　　2015 年的一份研究随机搜集了约 10 万份英国猫咪的病例，探讨猫咪死亡时的年龄及死因，研究结果显示：5 岁以下猫咪最常见的死因，47％ 为创伤，其中一半死于车祸，这通常发生在室外放养的猫咪身上，然后是传染病，约占 6.6％；5 岁之后常见的死因，有 13.6％ 的猫咪死于慢性肾病，第二名常见的原因则是多重器官衰竭，第三名是肿瘤，而创伤致死在猫咪 5 岁之后排名第五。另外，这份研究同时发现猫咪的死亡发生时间大致有两个高峰：一个高峰是在 1 岁前，另一个高峰是在 16 岁。而当时在英国，猫咪的平均寿命是 14 岁。

　　回头看看中国台湾，2014 年台北市家猫十大死因统计结果：排名依次是癌症、肾衰竭、多重器官衰竭、传染病、心血管系统疾病、呼吸系统疾病、消化系统疾病、胰腺炎、创伤及其他。其中多重器官衰竭的病例里，超过一半同时伴随肾脏问题。因此，综合评估第二名的肾衰竭与第三名的多重器官衰竭，其中肾衰竭致死的比例仍然很高，两份研究结果不谋而合。

撇开传染病、年轻时的意外死亡原因不谈，我总结的熟龄猫咪的十大死因排行榜如下。

第一名：肾脏疾病

第二名：多重器官衰竭

第三名：肿瘤

第四名：创伤

第五名：心血管系统疾病

第六名：呼吸系统疾病

第七名：胰腺炎

第八名：内分泌疾病

第九名：血栓

第十名：肠道疾病

带着你的猫咪远离十大常见疾病

在现代猫咪的病学研究中，我们已能初步找到"死神的面容"，这表示只要能极力预防，带着猫咪远离这十种疾病，就能尽量使猫咪远离终点线。我想，猫咪活上二三十年也是极有可能的事。

请再看一遍猫咪的十大死因，你会发现，肾脏问题不容小觑！而且，伴随家猫高龄化的趋势，癌症疾病的发生率也必须正视。

现在，请花点时间仔细翻阅以下章节，获取猫咪步入熟龄期后常见疾病的知识，将能帮助各位猫家长为猫咪尽早预防这些疾病。

你必须随时保持警觉，每天花点时间在你的猫咪身上，如果在十年中能专心致力于带猫咪远离这些常见疾病，让它陪你度过二十年并非难事。不管是什么样的疾病，防患于未然是第一要素，其次是生活中的仔细观察，双管齐下，就能做到预防胜于治疗。

平日在家固定时间为猫咪梳理毛发、全身抚摸，再加上每日刷牙，细心一点儿的猫家长往往可以在猫咪生病的早期就能察觉到异常。仔细触摸猫咪全身、刷牙时观察口腔，可以让猫家长更加了解猫咪的身体状态，在发生肿瘤的时候也能更早发现不寻常的触感。早一点儿知道，就能早一点儿就医，在没有延误诊断和治疗的状况下，这些幸运的猫咪与猫家长就有机会拿到痊愈的"入场券"。

在猫咪开始与疾病战斗前，通过定期检查饮食与照看状况，包含猫咪的饮水量、精神、活力、食欲与排便、排尿状况，一步一步稳稳陪它向前迈进。

猫咪健康的保护措施：年度健康检查项目

一般年度健康检查	老猫增加的项目
✓ 体重变化趋势	以下项目请与你的医师讨论：
✓ 疫苗注射项目评估	✓ 甲状腺内分泌检测
✓ 心肺听诊检查	✓ 心脏病快筛——前脑排钠利尿胜肽
✓ 腹腔触诊检查	✓ 血压、心电图检测
✓ 血液检查	✓ 胸腔、腹腔 X 光
✓ 尿液检查	✓ 心脏、腹腔超声波
✓ 口腔检查	

如果发现问题，请保持冷静，你可以记录下来，将发现的状况整理好，列在笔记本上，就诊时有条理地说给医师听。除了让医师清楚地了解猫咪面临的状况，猫家长自己也会更清楚日后观察的重点。

确认猫咪生病以后，我们要带着坚定的决心陪猫咪接受治疗，同时也别忘了美食的力量。我始终深信着，对单纯的动物来说，只要有好吃的食物，吃得开心，生病也没什么好怕的。虽然生命终将走向死亡，在那一天到来之前，享用美食，就能获得勇气，补充对生活的热情。我相信美食能带给动物快乐与幸福，获得面对疾病的勇气。珍爱生命，这一方面动物做得比多数人还要好。

生病不可怕，就看你以怎样的心态去面对。接下来，我将从猫咪的慢性肾病开始，针对猫咪熟龄期经常要面对的问题，提供合适的饮食指南，将美食的力量带给所有正在迎战病魔的猫咪。

> 无论如何，请以坚定的决心，
> 和猫咪、医师组成一个优秀的团队，接受挑战。

4-2 慢性肾病猫咪的营养、饮食与照护指南

慢性肾病

慢性肾病是现今熟龄猫咪最常见的疾病，当肾脏受损伤持续超过 3 个月，或超过 50% 的肾丝球体过滤功能低下持续 3 个月的状态，就可以说猫咪罹患了慢性肾病。可惜的是，一旦猫咪确诊罹患此病，此时肾脏持续损伤便是无法回头的问题。在此呼吁猫家长们要特别注意，猫咪长期水喝不够，将增加猫咪罹患慢性肾病的风险，这也显示了每天关注猫咪饮水量的必要性。

菲菲是一只处于多猫家庭中的 15 岁老猫病患，那天被其家人带到医院时已经脱水至少 10%，验血结果肾指数高到破表，扫完超声波后被诊断为慢性肾病。猫家长焦急地询问："怎么会突然这样？之前都还好好的啊！"其实，这样的状况绝非短时间所致，是猫家长太粗心，没能早一点儿注意到征兆的结果。猫家长总是会辩驳："我看到它在喝水！"我在前面说过，看到猫咪喝水，也不能保证它喝了足够的水，何况肾病时期的猫咪流失水分的速度，远比自行喝水补充的速度来得快。

这样的情景经常在动物医院中上演，在急性期的肾脏受损可以通过积极治疗，让肾功能恢复。可是一旦病况拖延，肾脏中各个运作的小单位（称作肾元）持续受损，无法正常工作，被发现时往往是75％的肾元都已受损的惨况。换句话说，肾脏仅剩1/4的肾元可以正常运作，到了IRIS分期的第二期的慢性肾病，再也无法治愈了。

IRIS世界兽医肾病协会公布的肾病分期

IRIS 分期	残存肾脏机能	Creatinine 血液检查数值	尿比重	临床症状
第一期	33%	正常 <1.6mg/dL	1.028~1.050	无
第二期	25%	正常~轻度上升 1.6~2.8mg/dL	1.017~1.032	无，或轻度（多渴多尿）
第三期	<10%	轻度~中度上升 2.9~5.0mg/dL	1.012~1.021	诸多症状
第四期	<5%	重度上升 >5.0mg/dL	1.010~1.018	若无积极治疗难以维持生命

尿毒症症状

和人类一样，猫咪的肾脏是身体重要的排泄器官，将每日摄取的食物中的毒素、废物、水分送出体外，努力将血液中微量物质透析后排出。肾脏像一个重要的检查哨，把关哪些物质该留下、哪些物质该排出。

体内液体的恒定，血液的酸碱度，钠、钾、磷等电解质的稳定，全与肾脏有关。在肾脏机能减弱的时候，这些通过肾脏排出的物质会堆积在身体内，造成电解质、酸碱值不稳定。其中，蛋白质代谢所产生的尿素，若是没被好好排出而累积在血液中，会引起其他器官中毒的现象，这称之为"尿毒症"。

过多的尿素在身体内堆积会破坏身体各个系统：对胃肠道产生刺激，而胃炎、肠炎引起的食欲不振、呕吐、拉肚子、便血等症状便随之出现；当尿素持续存在，神经系统受伤害时，会出现癫痫、昏迷的状况；呼吸系统受伤害，会变得呼吸困难；口腔黏膜也可能出现炎症、溃疡的问题，使猫咪痛苦到不愿意进食，直接削弱猫咪的求生意志。

肾脏除了负责排泄，还监督身体的内分泌，影响造血与血压。一旦察觉猫咪罹患了慢性肾病，必须对其身体做个全面的检查，因为常会并发贫血、高血压、高血磷、高血钙、低血钾、甲状腺功能亢进、肝病、肌肉衰弱等问题。

家有肾病猫咪，定期回诊时除了验血，也需要监测猫咪的体态 BCS 指数、肌肉量 MCS 指数。2016 年的一份研究显示，过瘦的肾病猫咪，存活时间较正常体形的猫咪短。

肾病猫咪常见的临床检查

血液检查指标	血球计数、BUN 血中尿素氮、Creatinine 肌酸酐、Phosphorus 血磷、SDMA（IRIS 已在 2015 年纳入最新诊断肾病分级指标）
影像学检查	X 光、超声波
其他	尿液检查、血压、体重、BCS 指数、MCS 指数

医院的处理与治疗

彻底检查猫咪患病后的身体状况，依照发现的问题逐一改善。如果发现猫咪合并有泌尿系统的结石，并有阻塞风险，则须安排手术移除。体内过多的废物累积，可以通过腹膜透析或血液透析（洗肾）的技术，帮助肾脏排出毒素，达到减缓尿毒症的效果，这也是处理肾脏病的一种方法。如果你的猫咪患有高血压或高血磷的问题，医师会开具降血压药、磷离子结合剂来稳定猫咪的状况。如果同时发现猫咪患有慢性贫血，也会合并使用造血针来促进身体制造血球。

在医院将急性病况稳定下来后，大多数患病猫咪可出院，回到熟悉的环境里交由猫家长居家照看。但是，这并不表示你的猫咪永远不必再去医院，如果希望猫咪能获得更好的肾病控制，与医师讨论后，**建立定期回诊检查计划是有必要的**。猫咪的肾病病情是否能获得有效的控制，需要猫家长与医师持续合作。

居家饮食与照护指南

　　肾病猫咪回家后，猫家长最不能偷懒的第一件大事，就是提供充足的水分。以一只体重为 4 千克的猫咪为例，一天总摄取的水量需达到 200~240mL。建议猫咪的每日水分摄取量是体重的 50~60 倍，也就是每千克体重需要 50~60mL 的水（关于猫咪饮水量的需求与观察方法，请参考第 1 章第 3 节的内容）。如果猫咪肾脏浓缩尿液的功能变差，表示身体流失的水分比一般猫咪多，此时需要的水量就会超过上述的建议摄取量，这时必须先称量猫咪一天的总排尿量做评估。

一般猫咪

食物中水量 + 喝水量
＝体重 ×（50~60）
＝每日应摄取水量

尿多猫咪

食物中水量 + 喝水量
＝每日排尿量称重
＝每日应摄取水量

10 % 或 70 %

体重 ×（50~60）

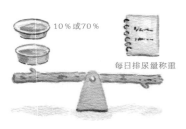

10 % 或 70 %

每日排尿量称重

　　很多猫家长会惊讶地发现，事实上，猫咪很少真的喝到了它自己需要的水量。身体长期处于脱水状态，不论是对人还是对猫咪来说都是非常不健康的。猫家长可以**将水分含量极低的干饲料，更换成水分含量高的鲜食或罐头**。如果猫咪依然无法获得足够的水，有些猫家长会下定决心每日早、中、晚都灌猫咪喝水，但可惜的是，大部分效果都不好，有时候一次灌太多水，猫咪又会出现反胃、呕吐。

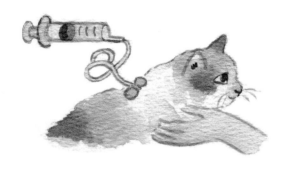

因此，许多猫家长奋战到最后，不约而同练就了一身帮猫咪打皮下点滴的好功夫。猫咪的皮下点滴操作起来不难，每日按时用皮下点滴帮助肾病猫咪补充水分，熟悉操作方法后，其实是既有效又明智的方式，不需要太抗拒帮助猫咪打皮下点滴。

与其每天追着猫咪，拿喂食针筒强喂它 100~200 毫升的水，让猫咪反胃或呕吐，倒不如优雅、迅速地以皮下点滴的方式解决其每天水量摄入不足的问题。

若发现慢性肾病猫咪在验血时已到达 IRIS 分期的第二期，猫家长就必须帮助猫咪选择专门的肾病菜单，并请特别注意限制磷离子的摄取。研究显示，身体内的磷含量越高，越不利于猫咪的肾脏，因此，肾脏病猫咪的食物必须严格控制磷含量。

此外，猫咪可补充抗氧化维生素 E、维生素 C 及脂肪酸 Omega-3，缓解肾脏的发炎症状，并在贫血时，加入造血的材料，例如铁、锌、叶酸等。当血磷不易控制的时候，在食物中加入医师开具的磷结合剂胶囊，能更有效地移除食物中的磷含量，减少磷离子的吸收。

肾病猫咪若能获得完善的饮食管理，便能帮助其稳定慢性肾病病程。自制鲜食最大的好处是水分含量高，无形中猫咪一边吃饭一边获得水分，猫家长也可随着猫咪的口味变化菜单，刺激猫咪食欲，以完整的营养支持猫咪，延长"抗战期"。

慢性肾病猫咪的食谱

　　以下食谱磷含量低于 0.6 % DM，锌、铁、镁、维生素 D 与维生素 E 充足，维持 Omega-6 与 Omega-3 的比例近乎 1∶1。

食谱 1　　**牛油烤鲭鱼料理**	食谱 2　　**低磷茶碗蒸**

Ingredient 材料		*Nutrient Content* 营养成分		*Ingredient* 材料		*Nutrient Content* 营养成分	
鲭鱼	40 g	钙	270 mg	带皮鸡腿肉	80 g	钙	100 mg
鸡蛋	25 g	锌	15 mg	鸡蛋	50 g	锌	10 mg
鸡肝	12 g	维生素 E	25 mg	冬瓜	20 g	维生素 E	15 mg
花椰菜	5 g	碘	10 mg	海带	10 g	维生素 A	400 μg
木瓜	5 g			橄榄油	10 g		
无盐牛油	10 g						

食谱 1　牛油烤鲭鱼料理

How to Cook 做法

1 花椰菜、鸡肝和鸡蛋用水煮熟，与木瓜一起切碎搅拌均匀。

2 将无盐牛油涂抹在鲭鱼表面，烤箱 130℃预热完成后，放入鲭鱼烘烤 10 分钟。

3 降温后剔除鱼刺，打碎后拌入营养品。

 ■ 蛋白质 20%　■ 脂肪 78%　■ 淀粉 2%

※ 营养以干物重分析（即去掉水分后的状态）
※ 搭配 "2-5 建立营养品抽屉" 一节中所建议的每日或每周营养补充品使用

Nutrition Fact 营养分析

热量	240 kcal
蛋白质	36 %
脂肪	57 %
总碳水化合物	4 %
膳食纤维	1 %
灰分	3 %
钠	0.2 %
钙质	0.60 %
钙磷比	1.01

食谱 2　低磷茶碗蒸

How to Cook 做法

1 鸡蛋打散后，加入切碎的带皮鸡腿肉、海带与冬瓜，加入 30mL 的清水放入电饭锅内蒸熟。

2 打碎降温后拌入橄榄油与营养品。

 ■ 蛋白质 28%　■ 脂肪 71%　■ 淀粉 1%

※ 营养以干物重分析（即去掉水分后的状态）
※ 搭配 "2-5 建立营养品抽屉" 一节中所建议的每日或每周营养补充品使用

Nutrition Fact 营养分析

热量	334 kcal
蛋白质	44 %
脂肪	50 %
总碳水化合物	4 %
膳食纤维	1 %
灰分	2 %
钠	0.4 %
钙质	0.29 %
钙磷比	1.14

4-3　肿瘤疾病猫咪的营养、饮食与照护指南

> | **饮食目标** | 维持身心健康以提高免疫力来面对肿瘤疾病 |
> | :---: | :--- |
> | | ○ 高密度热量与营养素 |
> | | ○ 降低碳水化合物含量 |
> | | ○ 提高 Omega-3 脂肪酸、叶酸、精氨酸含量 |
> | | ○ 促进食欲，缓和病程恶化速度 |
>
> **关键词：营养支持、疼痛管理、安宁照护、情绪影响力**

肿瘤

随着中国台湾家猫高龄化加剧，肿瘤疾病的发生率也跟着上升。据我自己的观察，猫家长普遍而言很细心，时常会替猫咪梳理毛发，也会摸一摸、检查猫咪身体表面哪里有异样，往往能早期发现猫咪体表的一些小肿块，但若肿瘤潜藏在其体内就不容易被发现了。所以说猫咪年纪越大，定期身体检查时除了抽血，最好要配合 X 光和超声波的检查。

每种不同的肿瘤，有不同的分级方式，原则上分成四级，级数越高程度越恶性。当肿瘤判定为良性时，表示不会转移，只会在局部生长，有的可以简单通过手术移除，有的则可以暂不处理；判定为恶性的肿瘤（也就是癌症），表示可能快速生长，具有侵犯性、转移性的特征，致命风险高，一旦发现绝不能视而不管。

猫咪常见的肿瘤，像乳腺瘤（相较于小狗，猫咪的乳腺瘤绝大部分是恶性的）、VAS 疫苗相关肿瘤、淋巴瘤，都是好发恶性肿瘤的类型。

当猫家长听到猫咪肿瘤被判定为恶性时，多数人会立即陷入绝望的情绪中，我遇到过立刻决定放弃治疗，希望给猫咪一个痛快结束的猫家长，也遇到过激烈反应，抗拒接受事实的猫家长。幸好，多数猫家长选择在震惊过后，冷静下来与医师讨论治疗计划。

医院的处理与治疗

> **面对肿瘤的三个考虑方向：**
> 1. 治疗后是否能痊愈？
> 2. 如果不能治愈，是否有方法能缩小肿瘤或拖延肿瘤的扩散速度？
> 3. 如果不能治愈，是否能维持猫咪的生活质量？

猫咪罹患的肿瘤是否能痊愈？如果癌症无法完全治愈，是否有方法能缩小肿瘤或拖延肿瘤的扩散速度，接受猫咪与肿瘤并存，然后积极迎接肿瘤的挑战？

肿瘤科医师会根据猫咪罹患的肿瘤类型，拟定合适的疗程，想尽办法削弱肿瘤的侵犯力。另外，肿瘤科医师将通过适当的营养支持、适度的疼痛控制，帮助患病猫咪维持一定的生活质量。站在医疗专业的角度，使用药物、营养品、美味食物，是为了支持猫咪以健康的身心面对每一次的手术、化疗——这就是肿瘤独特的治疗方式。

在了解了这方面的知识后，我鼓励各位猫家长调整好自己的情绪，因为猫咪能感受到猫家长内心的痛苦，唯有让他们振作起来，猫咪才能安心地对抗癌症。

居家饮食与照护指南

饮食在肿瘤患者生活中扮演的角色，涵盖了营养支持与提升生活质量两大层面。我认为此阶段的饮食管理，可提供生病猫咪抗癌需要的营养与热量，同时通过美味的料理，点燃猫咪的生命力。

许多肿瘤患者因为身体获得的热量被肿瘤组织霸道地"夺走"了，身体会非常瘦弱，如果消瘦情况严重到连肌肉与脂肪都非常薄弱，身体的免疫力自然不好。我们调制肿瘤患病猫咪饮食的首要目标是尽量提供充足的热量、必要的营养素，以提升整体身体的状态。

此外，有鉴于肿瘤细胞创造的特殊代谢环境（如我们知道肿瘤细胞偏好利用简单糖类以无氧燃烧的方式获得生长热量，而难以运用脂肪燃烧的方式获得生长热量），因此在肿瘤患病猫咪的饮食中，蛋白质和脂肪的含量都应提高。我也会适度让猫咪摄取高精氨酸、Omega-3 脂肪酸与叶酸，帮助其增强免疫细胞活力，同时也能够促进组织修复。

部分营养学家指出，少数食材应避免运用在特定肿瘤病患的饮食中，如

牛肉中富含甲硫氨酸、天门冬氨酸，可能会使淋巴瘤、黑色素细胞瘤发展得更快，而鸡肉、猪肉、鸡蛋会是更好的选择！除了可提供精氨酸、麸酰胺酸、酪氨酸等免疫细胞必需的营养素，麸酰胺酸也能促进组织修复。维生素 A 会增强皮肤细胞分化，在患皮肤肿瘤时需注意不要过度补充，维生素 C 与维生素 E 的抗氧化性则有助于对抗癌细胞。

在肿瘤治疗的过程中，猫咪可能对药物产生的副作用反应较敏感，或者伴随发生"副肿瘤症候群"，导致其他体内器官跟着出问题。当猫咪因为副作用而出现呕吐、晕眩、嗜睡时，这些不舒服的感觉会让它更没食欲。当发生这样的状况时，可尝试以下方法。

猫咪食欲不好的时候怎么办

1. 找出原因
2. 制作更好吃的食物
3. 少量多餐
4. 必要时与医师讨论装设喂管

请参考第 70 页"智取挑食猫咪"的内容，那里有提升猫咪食欲的实用对策。

肿瘤

肿瘤疾病猫咪的食谱

以下食谱提高了蛋白质与脂肪含量，Omega-3 脂肪酸大于 5%DM，Omega-6 与 Omega-3 的比例近乎 1∶1，精氨酸含量大于 2%DM、叶酸充足，且几乎不含淀粉。

食谱 1	**普罗旺斯烤鸡腿料理**	食谱 2	**塔香猪小排料理**

Ingredient 材料		*Nutrient Content* 营养成分		*Ingredient* 材料		*Nutrient Content* 营养成分	
鸡腿肉	80 g	钙	200 mg	去骨猪小排	70 g	钙	200 mg
鸡蛋	50 g	锌	10 mg	猪心	80 g	维生素 E	15 mg
牛西红柿	5 g	维生素 E	15 mg	甜椒	10 g	维生素 A	350 μg
地瓜叶	5 g	维生素 A	150 μg	九层塔	10 g		
鱼油	4 g			低钠盐	0.3 g		
				橄榄油	4 g		

食谱 1　　普罗旺斯烤鸡腿料理

How to Cook 做法

1 用平底锅将鸡腿肉两面干煎至熟，起锅前利用渗出的鸡油炒一下地瓜叶、牛西红柿和鸡蛋。

2 将鸡腿排放进烤箱中，以130℃微火烘烤15~25分钟，表皮金黄后取出。

3 打碎降温后拌入鱼油与营养品。

 ■ 蛋白质 34%　■ 脂肪 65%　■ 淀粉 1%

Nutrition Fact 营养分析

热量	222 kcal
蛋白质	56 %
脂肪	38 %
总碳水化合物	3 %
膳食纤维	1 %
灰分	3 %
钠	0.42 %
钙质	0.61 %
钙磷比	1.01

※ 营养以干物重分析（即去掉水分后的状态）
※ 搭配 "2-5 建立营养品抽屉" 一节中所建议的每日或每周营养补充品使用

食谱 2　塔香猪小排料理

How to Cook 做法

1 用橄榄油煎熟去骨猪小排、猪心及甜椒。

2 切碎九层塔与低钠盐混匀，第 1 步起锅前撒上，再稍微拌炒一下。

3 打碎降温后拌入营养品。

■ 蛋白质 25%　　■ 脂肪 74%　　■ 淀粉 1%

Nutrition Fact 营养分析

热量	379 kcal
蛋白质	41 %
脂肪	53 %
总碳水化合物	3 %
膳食纤维	1 %
灰分	3 %
钠	0.3 %
钙质	0.42 %
钙磷比	1.03

※ 营养以干物重分析（即去掉水分后的状态）
※ 搭配"2-5 建立营养品抽屉"一节中所建议的每日或每周营养补充品使用

4-4　心脏病猫咪的营养、饮食与照护指南

心脏病

许多时候，猫咪隐形的心脏病会来得又急又猛，让人措手不及。猫家长常常会问：前一刻还活蹦乱跳的猫咪，怎么忽然间就倒下了？的确，不少猫咪在心脏病发作前，几乎无法察觉到症状，一旦发生，症状可能仅仅是吃不下饭，也可能是突然张口喘气、呼吸困难；有些猫咪会突发血栓，忽然尖叫一声，瞬间就瘫痪了，其中为数不少的猫咪可能撑不到医院就会休克，很快便离开了。

细心的猫家长可在平常的生活当中注意观察，如果猫咪变得容易喘，跑跑跳跳的时间缩短许多（不耐运动）、呼吸急促，或者突然体重下降、食欲变差等，都有可能是早期心脏病的迹象。为了避免遗憾发生，建议大家一定要把甲状腺、X 光与超声波列入定期的健康检查项目中，除了一般基础验血的重点项目。

医院的处理与治疗

在治疗猫咪心脏病时，我们总是心惊肉跳的，小心翼翼地跟死神抢时间。我们要顾及猫咪的生命体征，维持其呼吸、心跳，多数时候只能先给予其高浓度氧气，等呼吸状况稳定后，才可以对其进行全面的检查。

猫咪常见肥大性心肌病，分为原发性与继发性，可由综合甲状腺素检测、X 光与心脏超声波的结果分辨。除非能及早发现，否则大多数猫咪会在发病当日死亡，幸存下来的猫咪必须谨慎服药控制，遵照医师嘱咐定期回诊评估。

居家饮食与照护指南

按时服药、定期回诊追踪心脏状况，再加上尽量避免让猫咪处于紧张的环境，控制猫咪的运动时间与活动强度，任何过度激烈的动作，都要小心防范。

心脏病猫咪的食物必须注意钠的含量。一般猫咪可以轻易将摄取过多的盐分排出，但心脏病猫咪因为身体内启动的代偿机制会主动将钠离子保留下来，给身体造成极大的负担。猫咪的食物中，因为肉的成分高，相对而言比小狗的食物更难以降低钠含量，因此在准备心脏病猫咪的食物时，务必遵照食谱调制。

心脏病猫咪饮食的另一个重点，在于提高牛磺酸的每日摄取量。猫咪每天需要补充至少 500mg 的牛磺酸，再额外增加 EPA 与 DHA 的含量，将能有效地保护心肌细胞，减缓衰亡速度。

食物中的牛磺酸含量

食物种类	牛磺酸含量（mg/kg）
捕捉到的老鼠	7000
生鲔鱼	2500
生羊肉	1600
罐头鲔鱼	1600
生牛肉	1200
生鸡肉	1100
生鳕鱼	1000

心脏病猫咪的食谱

低钠餐设计，每份菜单的牛磺酸含量不低于 200 mg，含充足的维生素 E、EPA 与 DHA，维护心血管健康。

食谱 1　　鲔鱼豆腐料理

Ingredient 材料		*Nutrient Content* 营养成分	
鲔鱼肉	80 g	钙	300 mg
鸡蛋	50 g	锌	2 mg
嫩豆腐	20 g	维生素 A	150 μg
薄荷叶	5 g	牛磺酸	150 mg
鱼油	10 g		

食谱 2　　燕麦羊肉猪肝餐

Ingredient 材料		*Nutrient Content* 营养成分	
去皮羊肉	100 g	钙	200 mg
猪肝	15 g	锌	2 mg
鸡蛋	20 g		
芹菜叶	5 g		
燕麦	5 g		
葵花油	10 g		
鱼油	2 g		

食谱 1　　鲔鱼豆腐料理

How to Cook 做法

1　将鲔鱼肉整块放在平底锅煎大约 2 分钟，使其呈半熟状态。

2　滚水煮鸡蛋约 5 分钟熄火，2 分钟后捞起泡冷水。

3　鲔鱼肉剥碎后加入嫩豆腐、半熟蛋、薄荷叶、鱼油与营养品。

 ■ 蛋白质 42%　■ 脂肪 56%　■ 淀粉 2%

Nutrition Fact 营养分析

热量	246 kcal
蛋白质	59 %
脂肪	35 %
总碳水化合物	3 %
膳食纤维	1 %
灰分	3 %
钠	0.2 %
钙质	0.77 %
钙磷比	1.16

※ 营养以干物重分析（即去掉水分后的状态）
※ 搭配"2-5 建立营养品抽屉"一节中所建议的每日或每周营养补充品使用

食谱 2　　燕麦羊肉猪肝餐

How to Cook 做法

1　葵花油热锅，加入去皮羊肉、猪肝、蛋液、燕麦与芹菜叶炒熟。

2　打碎降温后拌入鱼油与营养品。

 ■ 蛋白质 27%　■ 脂肪 69%　■ 淀粉 4%

Nutrition Fact 营养分析

热量	371 kcal
蛋白质	43 %
脂肪	48 %
总碳水化合物	7 %
膳食纤维	1 %
灰分	2 %
钠	0.20 %
钙质	0.38 %
钙磷比	1.01

※ 营养以干物重分析（即去掉水分后的状态）
※ 搭配"2-5 建立营养品抽屉"一节中所建议的每日或每周营养补充品使用

4-5 糖尿病猫咪的营养、饮食与照护指南 🐾

	稳定血糖，减少剧烈波动
饮食目标	○ 低碳水化合物
	○ 提高可溶性纤维量
	○ 适量蛋白质与脂肪
	○ 确保身体水分充足

关键词：血糖管理、多吃多喝多排尿、胰岛素

糖尿病

猫咪为什么会患上糖尿病？这是潜藏在猫家长眼皮底下的问题：肥胖、胰腺炎、内分泌异常和错误的饮食形态，这些罹患糖尿病的危险因子从来就没有根除过。有些细心的猫家长能在糖尿病初期就观察到猫咪食欲很好，似乎一直吃不饱，体重却越来越轻。直到进医院通过一般血液、尿液检查后，这才发现原来猫咪罹患了糖尿病。

早期发现是值得庆幸的，因为猫咪的糖尿病与人类不同，20％的猫咪在确诊糖尿病后，稳定接受治疗一段时间与适当的饮食调整后，胰岛细胞有机会可以恢复正常功能。这些猫咪有的可以减少胰岛素的剂量，有的甚至可以不必再打胰岛素针，解除暂时性糖尿病的警报。

太晚发现，或是没有控制好的糖尿病，会造成猫咪身体内的细胞无法获得养分，为了继续维持机能，身体会开始快速分解脂肪来提供热量，这些大量代谢的脂肪酸会形成酮体，如果猫家长还是未能发现猫咪的异常，就会演变成危及生命的酮酸中毒症，不尽快就医，很容易导致猫咪死亡。

医院的处理与治疗

当发现猫咪罹患了糖尿病时，医生会将其留在医院一段时间，固定时间喂食，饭后施打胰岛素针，每天多次测量血糖，记录下猫咪的血糖曲线，评估施打多少胰岛素可以让猫咪维持稳定的血糖波动。

当医师计算准了猫咪每天要打的胰岛素剂量及每餐的喂食量后，猫家长回家就能依照指示打针、喂食。一般而言，只要猫家长细心照顾糖尿病猫咪，都能帮它维持一段与健康猫咪无异的美好生活。

居家饮食与照护指南

糖尿病猫咪的饮食习惯与血糖变化息息相关，采用鲜食的猫咪在医院时猫家长就必须与医师讨论，仔细规划猫咪日后的食物内容、进食时间、每餐所需分量与热量。

在医院测血糖曲线的时候，你必须先带着合适的菜单与医师讨论，也可以每日准备这份菜单中的食物带去给住院中的猫咪吃，好让医师能够摸准这份菜单的喂食分量及搭配的胰岛素剂量。猫咪出院后，猫家长就能按照医师帮忙测

定的分量喂给猫咪吃，饭后按照指示施打对应的胰岛素剂量。请注意，除非猫咪康复，在监控猫咪血糖的过程中，都不能随意更改菜单，否则很有可能造成血糖剧烈波动，让你的猫咪陷入危险。

其实，猫咪能够好好吃饭比追求换成处方食物更重要，尤其当猫咪回到家中，开始由猫家长定期施打胰岛素针的时候。

我曾遇到过猫咪食欲不好，不怎么吃东西，但猫家长还是在规定的时间施打了胰岛素，结果造成猫咪严重低血糖，发生致命的抽搐、昏迷。若有这种状况，猫咪还能吞咽的话，可以立刻喂一些浓稠的糖水，但无论如何，低血糖随时会夺去猫咪的性命，不管你有没有灌糖水，还是要即刻带猫咪到医院。

如果确认猫咪食欲很好，可以欣然接受更换食物，请帮猫咪选择一份低碳水化合物、纤维量高一点儿的菜单；如果猫咪同时有胰腺炎，此时脂肪量就不能太高，以免让胰腺炎症状变严重，糖尿病会更难控制。我经常帮助猫咪把日常饮食更换成低碳水化合物的湿食，仅仅做这项改变，就能观察到血糖控制有惊人的进步，维持稳定一段时间后，慢慢恢复正常生活，猫咪便不必再忍受针刺。

糖尿病猫咪的食谱

以下食谱中优质蛋白质不低于 55％，含水量高于 70％，两份食谱分别控制脂肪量为 26％ 与 38％，如果猫咪同时有胰腺炎，可选择脂肪量低的鸭肉海带餐。两份食谱中特别使用了富含水溶性膳食纤维的海带、花椰菜与爱玉冻，可帮助稳定猫咪进食后的血糖，避免激烈的血糖暴冲。

食谱 1　　**鸭肉海带餐**	食谱 2　　**菲力牛肉冻**

Ingredient 材料		*Nutrient Content* 营养成分	
鸭肉	100 g	钙	300 mg
鸡蛋	20 g	维生素 E	1 mg
鸡肝	10 g	维生素 D	70 IU
海带	10 g		
绿芦笋	20 g		
花椰菜花蕊	20 g		
无盐奶油	8 g		

Ingredient 材料		*Nutrient Content* 营养成分	
菲力牛排	90 g	钙	300 mg
猪肝	20 g		
鸡蛋	40 g		
花椰菜花蕊	15 g		
爱玉冻	15 g		
鱼油	2 g		

食谱 1　鸭肉海带餐

How to Cook 做法

1 热锅融化无盐奶油后，加入所有食材小火煎熟。

2 打碎降温后拌入营养品。

■ 蛋白质49%　■ 脂肪48%　■ 淀粉3%

※ 营养以干物重分析（即去掉水分后的状态）
※ 搭配"2-5 建立营养品抽屉"一节中所建议的每日或每周营养补充品使用

Nutrition Fact 营养分析

热量	218 kcal
蛋白质	63 %
脂肪	27 %
总碳水化合物	6 %
膳食纤维	3 %
灰分	4 %
钠	0.4 %
钙质	0.79 %
钙磷比	1.07

食谱 2　菲力牛肉冻

How to Cook 做法

1 菲力牛排入锅干煎至熟，利用渗出的油脂煎熟猪肝与鸡蛋。

2 用剩余油脂快炒花椰菜花蕊。

3 打碎降温后拌入爱玉冻、鱼油与营养品。

■ 蛋白质39%　■ 脂肪59%　■ 淀粉2%

※ 营养以干物重分析（即去掉水分后的状态）
※ 搭配"2-5 建立营养品抽屉"一节中所建议的每日或每周营养补充品使用

Nutrition Fact 营养分析

热量	294 kcal
蛋白质	55 %
脂肪	38 %
总碳水化合物	4 %
膳食纤维	1 %
灰分	3 %
钠	0.22 %
钙质	0.54 %
钙磷比	1.13

饮食目标	确保食物不造成猫咪肝脏与胰脏负担 ○ 促进食欲 ○ 控制脂肪比例 ○ 增加食物中天然牛磺酸与精氨酸含量 ○ 选用高优质蛋白质

关键词：复食、饮食管理、体重控制、胃管

脂肪肝和胰腺炎

　　当一只猫咪过度肥胖的时候，它便容易罹患糖尿病与心脏病。这两种疾病所引发的严重后果，我们在前面的章节也讨论过。还不只如此，肥胖也容易引发猫咪的脂肪肝和胰腺炎。许多时候，这两种疾病是由于不适当的饮食引起的，因此罹患这两种疾病的猫咪，在日后的照护上，也与饮食调整密不可分。

肥胖的猫咪如果几天没有进食，将会比其他苗条的猫咪更容易引发脂肪肝，原因是猫咪在饥饿的状态下，会快速分解体内储存的脂肪，以供应身体热量。这些脂肪从身体的某处释放后，经由血液往肝脏运送。一般的猫咪可以借此获得热量，但在肥胖的猫咪身上，会因为大量脂肪快速堆积在肝脏，而引起肝脏细胞受损，随后肝功能衰退，使猫咪的食欲更加低落。

不幸的是，这是一个恶性循环！猫咪因为不吃饭而影响肝功能，又因为发生了脂肪肝而更加不想吃饭，在这种严峻的状态下，猫咪需要医疗立即介入，否则很容易出现无法挽回的局面。

猫咪肝功能变差的症状与人类相似，初期只是食欲不好、呕吐，渐渐地皮肤和黏膜变黄，发生黄疸。通过抽血、验尿、X光和超声波检查，这才得以实时发现问题。

胰腺炎是另一个恶性循环的例子。许多原因都可能是造成胰腺炎的凶手：饮食、中毒、感染肿瘤，或者猫咪身上存在的其他疾病。胰腺炎的症状并不具有指标性，有些猫家长可能只觉得猫咪怪怪的、精神不太好而已，有些猫咪会出现如同脂肪肝一般食欲不好、呕吐的症状，可是难以区别到底是什么疾病引起的变化。当胰腺发炎严重到波及胰脏中分泌胰岛素的细胞时，也可能间接引发猫咪糖尿病，让血糖暴冲，严峻考验将持续胶着，直到被缓解下来为止。

医院的处理与治疗

排除猫咪不吃饭的原因后（虽然大多数时候很难查明原因），接下来必须想办法让这只不舒服的猫咪开始愿意吃东西，才能确保其身体可以获得足够的热量与蛋白质，避免造成进一步的伤害。

在医院里，医师会给猫咪打上点滴，补充水分、电解质与维生素，也会开具一些缓解症状的药物。如果猫咪还不愿意吃饭，须考虑是否当机立断帮它安装食道喂管。因为在猫咪愿意进食前，利用喂管确保食物可以送进它的胃里，也是一种解决之道。

你可能觉得，装鼻喂管、食道喂管很可怕，但事实上这条管路的安装并不困难，猫咪也不会感觉太疼痛，在肝脏、胰脏复原的黄金抢救时间里，听从医师的指示安装喂管是一个极佳的选择（更多关于喂管的内容，请参考第164页的内容）。

如果你做了正确的医疗选择，渐渐地，你会察觉猫咪的精神变好了。经过多次检查，医师确认猫咪没有生命危险以后，就会让它回家，请猫家长接手照护了。

居家饮食与照护指南

肝脏、胰脏在营养消化、代谢时扮演非常重要的角色，因此要恢复肝脏、胰脏的健康，关键就在于适当的饮食照护，务必给予猫咪适当的营养：低碳水化合物、高蛋白质、适当的脂肪与热量，协助身体修复。

猫咪若想获取优良的蛋白质，可从鸡蛋及新鲜的牛肉、猪肉、鸡肉、鱼肉等富含精氨酸、牛磺酸的食材中摄取。猫咪每日获得 250~500mg 的牛磺酸，能帮助肝脏、胰脏修复，同时释放累积在肝脏中的脂肪。过多的碳水化合物、纤维，对猫咪来说都没有意义，还会影响营养的吸收，因此这类食物要尽量少。

肝病问题的原因众多，这里提供的是脂肪肝与胰腺炎的照护指南，并非所有种类的肝病都适用，请与最了解你的猫咪的医师讨论，找到合适的菜单。

脂肪肝和胰腺炎猫咪的食谱

以下食谱特别使用了富含牛磺酸与精氨酸的肉类，并以肉品本身的油脂炒熟配菜，增添香气，促进猫咪食欲。

食谱 1 **小羊肉料理**	食谱 2 **牛后腿肉料理**

Ingredient 材料		*Nutrient Content* 营养成分		*Ingredient* 材料		*Nutrient Content* 营养成分	
鲔鱼	60 g	钙	250 mg	牛后腿肉	120 g	钙	350 mg
羊肉	80 g	铁	3 mg	鸡蛋	40 g	锌	3 mg
鸡蛋	40 g	锌	10 mg	萝蔓莴苣	20 g	维生素 E	15 mg
白萝卜	40 g	维生素 E	20 mg	紫菜	2 g	维生素 A	300 μg
小白菜	40 g	维生素 A	250 μg				

食谱 1　　小羊肉料理

How to Cook 做法

1 将羊肉小火慢煎至半熟。

2 利用羊肉煎出的油脂炒熟其他食材。

3 打碎降温后拌入营养品。

 ■ 蛋白质 51%　▧ 脂肪 47%　▨ 淀粉 2%

Nutrition Fact 营养分析

热量 ·················· 281 kcal

蛋白质 ·················· 65 %

脂肪 ·················· 25 %

总碳水化合物 ·················· 5 %

　膳食纤维 ·················· 2 %

灰分 ·················· 5 %

　钠 ·················· 0.28 %

　钙质 ·················· 0.62 %

钙磷比 ·················· 1.07

※ 营养以干物重分析（即去掉水分后的状态）

※ 搭配"2-5 建立营养品抽屉"一节中所建议的每日或每周营养补充品使用

食谱 2　　牛后腿肉料理

How to Cook 做法

1 将牛后腿肉小火慢煎至半熟。

2 利用牛肉煎出的油脂炒熟其他食材。

3 打碎降温后拌入营养品。

 ■ 蛋白质 51%　■ 脂肪 46%　■ 淀粉 3%

Nutrition Fact 营养分析

热量	246 kcal
蛋白质	64 %
脂肪	26 %
总碳水化合物	6 %
膳食纤维	2 %
灰分	4 %
钠	0.28 %
钙质	0.82 %
钙磷比	1.08

※ 营养以干物重分析（即去掉水分后的状态）
※ 搭配 "2-5 建立营养品抽屉" 一节中所建议的每日或每周营养补充品使用

饮食目标	为甲状腺功能亢进的猫咪提供适当营养 ○ 因高代谢率可挑选高蛋白质食物 ○ 因高代谢率可挑选高脂肪食物 ○ 避开含碘高的食物 ○ 饮食内容可与一般猫咪无异

关键词：甲状腺素、代谢率、含碘食物、能量消耗

甲状腺功能亢进

甲状腺功能亢进的风暴，常在 8 岁以上的老猫咪身上发生，在初期并没有特别的症状，大多是体重持续下降、胃口变大、性格变得躁动，或是易渴、多尿。不仔细观察，并小心检测内分泌，还真不知道猫咪发生了什么事。

由于内分泌疾病会影响全身，提高判断的复杂度，猫咪常常是因为其他的并发症状而前来就诊的，像肥厚型心肌病的呼吸困难、张口喘气、咳嗽、不耐运动等心脏病症状，或是毛发粗糙、肝肾机能异常、呕吐、拉肚子等容易让人误以为是消化道问题。有的猫家长会将猫咪的这些转变视为理所当然的老化现象，因而延误发现猫咪罹患甲状腺功能亢进的时机。

猫咪体内暴冲的内分泌若没能及早获得控制，在体内甲状腺素长期过高的情形下将导致严重的后果——继发性心脏病、高血压、肾脏病、身体肌肉衰弱不堪，终将酿成无法挽回的生命危害。建议大家带猫咪到医院做定期健康检查时，除了追踪猫咪的一般常规血检（血球、肝肾指数、血糖），也要将猫咪甲状腺浓度及心脏功能评估列入每年必备的重点健康检查项目，这样才能早期发现疾病、有效减少并发症。

医院的处理与治疗

通过触诊、验血检测身体内的甲状腺素、超声波检查，可以确诊猫咪是否罹患了甲状腺疾病。除非是甲状腺癌（恶性肿瘤）引起的甲状腺功能亢进，或者猫咪早已产生上述严重的并发症，一般猫咪通过口服药物抑制、手术切除甲状腺、放射性碘治疗多半能恢复稳定。

居家饮食与照护指南

如果你已确定自家的猫咪是单纯罹患了甲状腺功能亢进，那么就可以稍微提高食物中的蛋白质与脂肪含量，并避免过度补充碘（如海藻、紫菜、昆布、鱼、虾、蛤蛎、干贝等食物富含碘），也要让猫咪远离会让它们更加兴奋的猫草。

罹患此病的猫咪，身体会一直处在高度代谢的状态，以至于身体会快速消耗蛋白质、热量，从而变得越来越瘦。治疗初期我们通过饮食调整，帮助猫咪重建正常的体态，有助于恢复其身体机能。不过，如果你的猫咪同时有其他并发疾病，像心脏病、肾脏病等更为棘手的问题，请翻到相关疾病的章节，依照这类病症的饮食指南制作食物。

甲状腺功能亢进猫咪的食谱：请参考第 3 章的食谱，可选择高蛋白质、高脂肪的菜单，避开使用海藻类、鱼、虾、蛤蛎、干贝的菜单即可。只要避开上述食材，甲状腺功能亢进的猫咪也可以与一般猫咪的饮食无异。

	帮助猫咪恢复健康的体形
	○ 降低食物热量密度
饮食目标	○ 少量多餐
	○ 规律运动
	○ 增加膳食纤维，提高饱足感

关键词：文明病、干粮、热量密度、生活形态、饱足感

请正视猫咪肥胖的问题

肥胖是一种正在各位爱猫人士眼皮底下蔓延的猫咪文明病。猫咪过度肥胖的问题，显然已成为当代的一种流行病，情况非常普遍，可能你在公园、巷口、邻居家都能轻易发现一只肥胖的猫咪，而它的家人还引以为傲，不时摸一把猫咪的肥肉，同时还觉得很好玩。

我常常对着那些来医院的胖猫家长发出叹息，即使他只是来打个预防针，我会花上许多时间来告诫这些猫家长，必须即刻开始着手控制猫咪肥胖的问题，否则就是坐视猫咪慢性自杀。因为我们可以预期，这些肥胖的猫咪会比苗条的猫咪更容易罹患猫咪十大死因排行榜上的疾病（请参考第 111 页的内容），而且一只肥胖的猫咪若开始衰弱，情势也会更难以控制。

试想一下，一只猫咪的平均体重大约是 4 千克，我们换算成一位正常中国台湾女性的体重，大概是 50 千克。当一只猫咪胖到 8 千克的时候，就是猫咪正常体重的两倍，换成人类，大概就是一位体重 100 千克的女性。那么，当猫咪长到 12 千克时呢？这时它的体重就相当于一位 150 千克女性的体重了。

臃肿的身材除了让猫咪容易罹患诸多慢性病，对于猫咪的骨骼，包括各个关节都会形成极大的压迫。这只猫咪可能胖到无法自理毛发，无法轻快地跳跃，只能匍匐在地上移动，这样的猫生已称不上健康了，甚至也失去了猫咪的基本尊严。

居家饮食与照护指南

医疗在肥胖猫咪的身上起不了太大的作用，想根治肥胖的问题，在日常生活中多努力才是最终的解决方法。

试着记录下猫咪的日常作息，好好检查一番，然后替猫咪安排每天运动的时间、吃饭的次数，再着手调整菜单。千万别妄想靠减肥饲料就可以达到让猫咪塑身的效果，因为即使真的做到了，那将使你的猫咪饥饿不堪，同时会让猫咪身体承受太多的碳水化合物。

水永远是减肥途中的良伴！增加食物的含水量，可以增加饱足感。湿食是猫咪最理想的减肥餐，增加水量可以稀释食物的热量，也能获得多一点儿的饱足感，拥有适度的饱足感，猫咪才不会一直要求进食。不论是人还是猫咪，都能在减肥状态下，让心情更加愉悦。

至于该喂你的肥胖猫咪吃多少分量，请参考第 22 页"猫咪一天该吃多少"的内容，并以系数 0.8~1.0 计算猫咪的每日热量需求，最后再对照本章节的食谱，分配合适的分量。

肥胖猫咪的食谱

以下食谱控制脂肪含量仅占 25% DM，并提供充足的蛋白质、维生素与矿物质，碳水化合物含量极低，且含膳食纤维可以增加饱足感。

食谱 1　鲔鱼蛋减肥料理

Ingredient 材料		Nutrient Content 营养成分	
鲔鱼	150 g	钙	400 mg
鸡蛋	40 g	锌	3 mg
牛心	20 g	维生素 A	300 μg
西红柿	10 g		
绿芦笋	10 g		
含碘低钠盐	0.5 g		
橄榄油	10 g		

食谱 2　鸡胸肉减肥料理

Ingredient 材料		Nutrient Content 营养成分	
鸡胸肉	90 g	钙	180 mg
鸡肝	20 g	锌	2 mg
鸡蛋	40 g		
萝卜叶	10 g		
发菜	5 g		
鱼油	5 g		

食谱 1　　**鲔鱼蛋减肥料理**

How to Cook 做法

1 橄榄油煎鲔鱼、鸡蛋、牛心。

2 绿芦笋水煮至熟。

3 打碎降温后拌入西红柿、含碘低钠盐与营养品。

 ■ 蛋白质 53%　■ 脂肪 42%　■ 淀粉 5%

Nutrition Fact 营养分析

热量	300 kcal
蛋白质	66 %
脂肪	23 %
总碳水化合物	6 %
膳食纤维	2 %
灰分	5 %
钠	0.3 %
钙质	0.71 %
钙磷比	1.00

※ 营养以干物重分析（即去掉水分后的状态）
※ 搭配"2-5 建立营养品抽屉"一节中所建议的每日或每周营养补充品使用

食谱 2　　**鸡胸肉减肥料理**

How to Cook 做法

1 所有食材蒸熟后切碎。

2 降温后拌入鱼油与营养品。

 ■ 蛋白质 51%　■ 脂肪 43%　■ 淀粉 6%

Nutrition Fact 营养分析

热量	248 kcal
蛋白质	65 %
脂肪	25 %
总碳水化合物	6 %
膳食纤维	2 %
灰分	4 %
钠	0.38 %
钙质	0.58 %
钙磷比	1.05

※ 营养以干物重分析（即去掉水分后的状态）
※ 搭配"2-5 建立营养品抽屉"一节中所建议的每日或每周营养补充品使用

饮食目标	降低猫咪自发性膀胱炎的频率 ○ 增加饮水量 ○ 稀释食物中钙、镁、磷含量 ○ 补充维生素 C、维生素 A ○ 促进排尿

关键词：减压生活、尿盆数量、湿食

自发性膀胱炎

猫咪出现泌尿问题，常常都没有什么前兆，直到某一天猫家长发现猫咪似乎好一阵子没有排尿了，或者觉得猫咪这阵子特别不乖，会在家中四处排尿，而且尿得少少的，只有小小的一摊；有时会看到尿中带血，猫咪频繁到猫砂盆蹲着，像是很努力要排尿的样子，有些猫家长还以为猫咪是便秘，拉不出便便来呢!

为什么猫咪常见泌尿系统的问题

猫科动物属于干燥地区的生物，住在草原或沙漠中的猫咪，拥有一对浓缩尿液能力很好的肾脏，每天捕捉新鲜的、富含水分的猎物来吃，这些猫咪不必经常寻找水源，不必主动摄取太多的水分，光靠"吃猎物"几乎就能满足身体一日所需水量。

远离城市居住的猫咪，基本上能自行打理自己的食物，它们不必吃一包包的人造干粮，换言之，它们不像 21 世纪的现代家猫这样经常性摄取缺乏水分的食物，因此这些猫咪很少发生泌尿系统问题。产生泌尿系统问题的根本原因，在于现代家猫水喝得不够，再加上生活压力大，日子久了自然容易产生泌尿系统的疾病。

一份研究观察了 46 只自发性膀胱炎的猫咪，分别喂食干饲料、70％含水量的食物之后，一年内再出现膀胱炎症状的比例。结果显示，食用干饲料的猫咪有 39％的复发率，而湿食组的猫咪只有 11％的复发率。

医院的处理与治疗

好了！如果你现在正面临猫咪排尿问题的考验，你需要带猫咪上医院，跟医师一同找出原因，然而很多时候，多半找不到成因，猫咪的膀胱就是这么毫无预警地发炎了。如此一来，你会得到一袋医师开具的药品，以及解决泌尿系统问题的处方食品。按时吃药、搭配饮食调整、盯紧猫咪多多补充水分，多数猫咪的泌尿系统疾病可以获得改善。

有些猫咪通过 X 光或超声波、尿液检查，发现它的膀胱、肾脏或尿道、输尿管中有结石存在，这时必须评估是否有立即做手术的必要性，因为当结石大到足以堵住猫咪的尿道时，会造成有尿却尿不出来的情况，这时猫咪将会痛苦不堪，而且很快地，排不出的尿液将可能造成肾脏的严重伤害。

居家饮食与照护指南

然而，真正彻底解决猫咪泌尿系统问题的方法，其实隐藏在生活细节中。如同我前面说的，一只在野外生活的猫科动物、吃自然食物的猫咪，是少见发生泌尿系统问题的，我想大家都清楚了吧？原来，其中最大的差别，就在于有没有充足的饮水。

既然猫咪的肾脏机能会尽可能浓缩尿液，而且猫咪的渴觉中枢比较不容易发出身体缺水的警报，那么身为猫家长，就必须想办法，让猫咪在不知不觉中能喝到足够的水分。

方法也很简单，那就是猫家长要主动将干燥的食物更换成富含水分的食物，不论鲜食、生食或主食罐，都是比干粮更明智的选择（其他使猫咪乐意主动喝水的方法，请参考第11页"引诱猫咪多喝水的小诀窍"的内容）。

另外，如果一只猫咪身处多猫家庭中，可能因为找不到干净的砂盆而选择憋尿！憋尿不仅容易引发膀胱炎，且浓稠的尿液会让结石更方便沉淀、析出。

大自然给猫咪准备的食物，含水量大约是75%，而且富含动物性蛋白质，几乎没有植物性蛋白质的存在。请准备以新鲜肉类为基底，带有极少纤维与含少许酶的食物。让猫咪回归自然，正常的饮食将有效地帮助猫咪远离泌尿系统的问题。

你的猫咪还深深着迷于干粮不能自拔吗？在猫咪还未生病前，请花点儿时间，为其渐进转换成水分含量高的食物，你可以参考第3章的内容，挑一些看起来你的猫咪会爱的食物，少量混在干粮中，让猫咪习惯湿食。

转换食物不能太急，太急的话猫咪会有压力，一定要让猫咪慢慢跟新食物培养感情，刚开始掺入十分之一的湿食，之后慢慢增加比例，直到完全都是湿食为止。一旦你的猫咪开始爱上富含水分的鲜食，就能大幅降低泌尿系统疾病的发生概率（请参考第76页"渐进换食——让猫咪跟新食物培养感情"的内容）。

自发性膀胱炎猫咪的食谱

本食谱避开肝脏类食材，微降灰分中镁、磷、钙含量，增加食物中的水分，选用富含水分且低磷的蔬菜，如冬瓜、丝瓜等，兼具利尿功效，搭配锌、维生素 C 与维生素 A，可促进膀胱修复。

食谱 1 昆布冬瓜鸡腿汤	食谱 2 奶油丝瓜排骨

Ingredient 材料		*Nutrient Content* 营养成分		*Ingredient* 材料		*Nutrient Content* 营养成分	
去骨鸡腿肉	100 g	钙	170 mg	猪小排肉	80 g	钙	150 mg
海带	10 g	维生素 A	300 μg	鸡蛋	20 g	维生素 C	3 mg
冬瓜	20 g			丝瓜	20 g	维生素 A	350 μg
鸿喜菇	10 g			无盐奶油	10 g		
橄榄油	10 g			含碘低钠盐	0.3 g		

食谱 1　　昆布冬瓜鸡腿汤

How to Cook 做法

1　将去骨鸡腿肉、海带、冬瓜、鸿喜菇放入滚水中炖煮熟。

2　起锅后保留少许汤底一同打碎。

3　降温后拌入橄榄油与营养品。

　■ 蛋白质 31%　■ 脂肪 68%　■ 淀粉 1%

Nutrition Fact 营养分析

热量	222 kcal
蛋白质	52 %
脂肪	41 %
总碳水化合物	4 %
膳食纤维	2 %
灰分	3 %
钠	0.3 %
钙质	0.45 %
钙磷比	1.06

※ 营养以干物重分析（即去掉水分后的状态）
※ 搭配"2-5 建立营养品抽屉"一节中所建议的每日或每周营养补充品使用

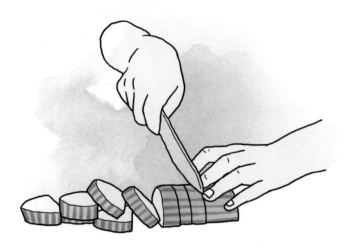

食谱 2　　奶油丝瓜排骨

How to Cook 做法

1 热锅融化无盐奶油后，快炒猪小排肉、鸡蛋、丝
瓜，起锅前撒入含碘低钠盐。

2 打碎降温后拌入营养品。

 ■ 蛋白质 27%　■ 脂肪 72%　□ 淀粉 1%

※ 营养以干物重分析（即去掉水分后的状态）
※ 搭配 "2-5 建立营养品抽屉" 一节中所建议的每日或每周营养补充品使用

Nutrition Fact 营养分析

热量	262 kcal
蛋白质	43 %
脂肪	51 %
总碳水化合物	3 %
膳食纤维	1 %
灰分	3 %
钠	0.35 %
钙质	0.48 %
钙磷比	1.12

饮食目标	协助肠道组织恢复健康
	○ 避开猫咪可能过敏的食材
	○ 选择易消化的肉类
	○ 补充维生素 B_{12}、麸酰胺酸
	○ 将食物适度加热更容易消化

关键词：食物过敏、不适当饮食、优质蛋白质、麸酰胺酸

许多猫家长都经历过猫咪呕吐、拉肚子的那段无望时期，家中到处是呕吐物和粪便的痕迹。不过在看过医师后，这些状况通常不会持续太久，除非情况特殊。

一般情况下，猫咪肠胃不适的症状在就医治疗后，短则3天，长则12周内几乎能痊愈。至于什么是特殊情况，举例来说，猫咪误食毛团、塑料袋、绳结、橡皮筋之类的异物，引发肠胃阻塞，或者寄生虫感染、食物过敏、肝脏问题、胰脏问题、肾脏问题、中毒、肿瘤等，就需要配合更多的检查、进一步治疗才能痊愈。

然而，有一种让猫家长闻之色变的疾病，症状跟上述情形一样难以辨别，而且有呕吐、腹泻的状况，经长期治疗后仍然无法改善，这个棘手的问题，就是炎症性肠病。

什么是炎症性肠病

当猫咪的肠胃壁黏膜长期受到刺激，造成长时间免疫系统过度活跃，此时黏膜下层开始聚集许多不正常的免疫细胞，产生一种胃肠道过度发炎的状况，呕吐、腹泻随之而来，超声波检查也可以看到这些黏膜

底下不正常肿胀的胃肠壁影像，当出现这种现象时，我们可以确定猫咪已罹患炎症性肠病。

事实上，炎症性肠病是一种广泛的病理性描述，而不是一个疾病名称。它是一种因免疫系统长期遭受刺激而引起的病理性状态，这时消化系统功能会变得紊乱，难以妥善吸收养分；而过度的呕吐与腹泻，也会造成动物脱水、电解质不平衡，以及带来极度不舒服的感受。

你可能问，究竟是什么样的刺激造成了猫咪消化道极大的痛苦呢？目前的共识是，不合适的食物最有可能刺激消化道。

医院的处理与治疗

炎症性肠病非常难诊断，虽然前面轻松地提到超声波检查可发现黏膜底下肿胀，但仍无法作为确诊的证据，血液检查也不能看到特异性指标，唯一能确诊的方式，只有通过手术开腹或通过腹腔镜取下一部分肠道组织，送病理切片检查。

确认猫咪的状况后，我们必须接受这样的事实，陪伴猫咪按时吃药、定期回诊。医师除了针对呕吐、腹泻对症下药，还会开具免疫抑制的药物，当猫咪对类固醇或口服化疗药这类免疫抑制药物反应不错时，胃肠症状有明显改善之后，可适时减少剂量。

那些对药物反应好，且后续追踪检查无明显异常的猫咪，通常可以存活较长一段时间。

居家饮食与照护指南

请提高食物的消化度，选择优良、新鲜的动物性食材，避开有可能造成猫咪过敏的食材，每只猫咪的过敏原不同，只有最了解它的家人才清楚；也可以在温热的食物中加入消化酶，尽量减少肠胃组织受到难吸收物质的刺激，以免再一次爆发与免疫系统的冲突。此外，可以通过膳食补充肠道修复必需的营养素，例如维生素 B_{12}、麸酰胺酸，以及短链脂肪酸

炎症性肠病猫咪的食谱

　　以下食谱替猫咪选择了富含维生素 B_{12}、麸酰胺酸的肉类，补充肠道细胞需要的均衡营养。食用时可搭配猫用消化酶，效果更好。

食谱 1	烤鸡胸肉料理	食谱 2	牛奶蒸蛋猪肉料理

Ingredient 材料		Nutrient Content 营养成分	
去皮鸡胸肉	100 g	钙	300 mg
鸡肝	10 g	锌	2 mg
鸡蛋	40 g		
去皮绿栉瓜	20 g		
鱼油	5 g		

Ingredient 材料		Nutrient Content 营养成分	
猪瘦肉	100 g	钙	300 mg
猪肝	10 g		
鸡蛋	40 g		
冬瓜	10 g		
低脂鲜乳	40 g		

食谱 1　　烤鸡胸肉料理

How to Cook 做法

1 去皮绿栉瓜切片，去皮鸡胸肉与鸡肝平铺在切好的绿栉瓜上放入烤箱。

2 鸡蛋水煮后放凉。

3 打碎降温后拌入鱼油与营养品。

 ■ 蛋白质 54%　■ 脂肪 44%　■ 淀粉 2%

Nutrition Fact 营养分析

热量	242 kcal
蛋白质	69 %
脂肪	25 %
总碳水化合物	5 %
膳食纤维	2 %
灰分	1 %
钠	0.4 %
钙质	0.73 %
钙磷比	1.06

※ 营养以干物重分析（即去掉水分后的状态）
※ 搭配"2-5 建立营养品抽屉"一节中所建议的每日或每周营养补充品使用

食谱 2　　牛奶蒸蛋猪肉料理

How to Cook 做法

1 取一个耐热容器，将鸡蛋打散成均匀蛋液，加入低脂鲜乳，放入切碎的猪瘦肉、猪肝、冬瓜。

2 将容器放入电饭锅中，容器外倒一杯水，按下电饭锅开关。

3 电饭锅跳起后完成。

 ■ 蛋白质 53%　■ 脂肪 41%　■ 淀粉 6%

Nutrition Fact 营养分析

热量	219 kcal
蛋白质	67 %
脂肪	23 %
总碳水化合物	5 %
膳食纤维	1 %
灰分	5 %
钠	0.3 %
钙质	0.85 %
钙磷比	1.04

※ 营养以干物重分析（即去掉水分后的状态）
※ 搭配"2-5 建立营养品抽屉"一节中所建议的每日或每周营养补充品使用

4-11 便秘猫咪的营养、饮食与照护指南 🐾

饮食目标	促进猫咪肠胃蠕动、增加粪便湿度，帮助排便顺畅
	○ 增加食物中的水分
	○ 提高食物中非水溶性膳食纤维比例
	○ 添加肠内益生菌
	○ 养成规律运动的习惯

关键词：多喝水、膳食纤维、肠内益生菌、麸酰胺酸

如果你家猫咪容易便秘，别担心，这不是什么难以启齿的隐疾，很多猫咪都有同样的困扰，尤其上年纪的猫咪更加常见。有些猫咪天生是便秘体质，有些猫咪则是年纪大了、活动力下降后开始排便不顺。出现这种状况，多半是因为肠胃蠕动力不佳，有时是饮食内容不当引起的。

猫咪为什么容易便秘

便秘状态的猫咪，因为肠胃蠕动力不佳，粪便通过大肠所花的时间较长，粪便停留在大肠内的时间也会更长，原本健康而湿润的粪便，慢慢就会被大肠吸干水分。当粪便越来越干、越来越坚硬的时候，猫咪此时想将粪便排出肛门，就会变成一件非常吃力的事。

有时候这些像石头一样硬的大便，会让猫咪痛得尖叫，因此猫咪更加没勇气排便。你会看见猫咪用力地蹲砂盆，可是排不出什么东西来，或者只能硬挤出一些粪水、血水，然后它还时常舔屁股。猫咪的腹部会鼓胀，它时而腹痛、时而没胃口，拖久的话会什么都不吃。有的猫咪还会呕吐，对老猫来说真的非常受折磨。严重的情况之下，猫咪还会患上巨结肠症。

许多因素会导致猫咪便秘，肥胖又不爱运动的猫咪比健美的猫咪更容易产生便秘的问题。此外，猫砂盆环境不良、砂盆总是又脏又臭，也可能导致猫咪便秘。或者，猫咪处于紧张状态下，就会憋着不去上厕所，久了之后粪便变得干硬就更难顺利排出了，压力大的猫咪跟人一样，容易便秘。

当然，还有些潜在的病因，必须与你的医师讨论，排除肛门附近的阻塞问题、肠内肿瘤、神经损伤与药物影响。最后，你也必须考虑到饮食内容。

过度低纤维、高蛋白、高钙的饮食，也会使粪便不容易排出。不久前我接到一个猫病患，它的家长正着迷于生肉料理，每天帮助猫咪准备的食物，就是生肉加一点儿骨粉。自从转换成生肉餐以后，这只猫咪便开始陆陆续续地出现排便不顺的问题，一开始是 2~3 天排便一次，慢慢变成 4 天才排便，最后完全拉不出大便，必须到医院来请医师帮忙直肠排空。猫咪很痛苦，医师也在处理粪便时被"臭昏了头"。

医院的处理与治疗

通过简单的腹腔触诊，医师就能摸到直肠里一整串的坚硬粪便，有时另外安排拍摄 X 光，可以更仔细确认肚子里的状况，再根据不同的成因，采取不同的治疗方式。

如果完整评估猫咪的身体状况后，你的医师认为猫咪属于不完全阻塞的便秘，就可以给予点滴、补充水分与调节电解质、使用泻药等方式治疗，协助猫咪排出粪便。

但对于那些已经引发巨结肠症，或者完全阻塞性便秘的猫咪，就必须通过手术从肠子中取出粪便，并且医师很可能建议连同结肠一起切除，以避免猫咪再碰上同样痛苦的状况。

居家饮食与照护指南

饮食上的调整，对于便秘问题的控制有绝对的帮助。想要预防便秘，你的猫咪必须吃富含水分与纤维的食物，也要同时记得添加适量的油脂。大家知道多喝水可以帮助排便，其实油脂也能起到润滑的作用，使粪便更容易排出。

有些人经常以水煮食物喂食猫咪，忘了添加油脂，使猫咪发生便秘的问题。另外，钙质补充过度，也会使猫咪的粪便更加干硬，不利于排出，务必谨慎挑选菜单。

大家不妨在家中摆几株猫草盆栽，供猫咪任意食用。市面上的化毛膏，其实就是矿物油，如同我们在饮食上添加油脂一样，利用油的润滑作用让粪便轻松滑出。有空的时候，还可以准备猫咪爱吃的酸奶当作点心。酸奶既能让猫咪多喝水，又能补充益生菌（猫咪用酸奶的制作方法，请参考第106页的内容）。

便秘猫咪的食谱

　　以下食谱含至少5%中等程度的膳食纤维，可调节猫咪肠胃机能，增加蠕动强度，同时富含水分与适量油脂，帮助猫咪改善便秘问题。

食谱 1　　**鳕鱼酸奶**	食谱 2　　**羊肉炒菜**

Ingredient 材料		*Nutrient Content* 营养成分	
鳕鱼肉	100 g	钙	180 mg
鸡蛋	40 g	锌	3 mg
紫菜	3 g	维生素 A	200 μg
紫苏叶	10 g		
薄荷叶	5 g		
酸奶	5 g		

Ingredient 材料		*Nutrient Content* 营养成分	
带皮羊肉块	100 g	钙	120 mg
红薯叶	40 g		
紫菜	5 g		
鲜榨鸡油	5 g		
鱼油	5 g		

食谱 1　　鳕鱼酸奶

How to Cook 做法

1 鳕鱼肉放入锅里小火慢煎至熟。

2 鸡蛋打散成均匀蛋液。

3 利用鳕鱼煎出的油脂，炒熟鸡蛋与紫菜、紫苏叶、薄荷叶。

4 打碎降温后拌入酸奶与营养品。

 ■蛋白质30%　■脂肪66%　■淀粉5%

Nutrition Fact 营养分析

热量	270 kcal
蛋白质	42 %
脂肪	42 %
总碳水化合物	12 %
膳食纤维	5 %
灰分	4 %
钠	0.31 %
钙质	0.99 %
钙磷比	1.0

※ 营养以干物重分析（即去掉水分后的状态）
※ 搭配"2-5 建立营养品抽屉"一节中所建议的每日或每周营养补充品使用

食谱 2   羊肉炒菜

How to Cook 做法

1 以鲜榨鸡油热锅，煎熟带皮羊肉块。

2 取红薯叶的叶片部位，和紫菜一起放入锅中
  炒熟。

3 打碎降温后拌入鱼油与营养品。

 ■ 蛋白质 33%　■ 脂肪 61%　■ 淀粉 7%

Nutrition Fact 营养分析

热量	277 kcal
蛋白质	45 %
脂肪	36 %
总碳水化合物	15 %
膳食纤维	5 %
灰分	4 %
钠	0.27 %
钙质	0.67 %
钙磷比	1.08

※ 营养以干物重分析（即去掉水分后的状态）
※ 搭配"2-5 建立营养品抽屉"一节中所建议的每日或每周营养补充品使用

	让厌食猫咪获取新鲜、完整的营养
饮食目标	○ 富含水分，避免身体处于脱水状态
	○ 采用高蛋白质食材，更好消化吸收
	○ 高蛋白、低碳水化合物、适度脂肪
	○ 食谱设计为 1mL 含 1 kcal 热量，方便估计喂食量

关键词：恢复期、少量多餐、针筒灌食、食道喂管、鼻喂管

我常碰到一些患病的猫咪，它们因为生病不舒服而食不下咽。营养照护在猫咪慢性病照护上是重要的环节，就像要靠打点滴补充水分与电解质、生病需要吃药一样，必须耐心并以营养支持猫咪渡过难关。

猫咪几天不吃东西是一件让人非常担忧的事情，比小狗几天不吃东西还严重！我在前面谈过，猫咪不吃饭很快就会引起脂肪肝。为了猫咪的身体健康，猫家长必须主动介入，帮助猫咪获得足够的养分，这对于照顾生病的猫咪而言，是绝对有必要的。

安装喂管或使用针筒灌食，该怎么选择

通常在初期，你的医师会请你先尝试用针筒灌食，如果猫咪激烈反抗，努力了两三天之后，仍喂不到猫咪每天应该吃的分量，医师就会建议通过做一个小手术安装食道喂管，从猫咪颈部划开一个小洞，将喂管放进食道，这样一来，就不必每天强迫猫咪张开嘴巴吞食物，只要打开管口的盖子，就能将食物由食道注入猫咪的胃里。

鼻喂管是另一种喂管，通常用在虚弱到无法安全度过手术麻醉的猫

咪身上，管径比较细且容易阻塞。相较起来，如果猫咪状况允许麻醉，那么安装食道喂管是一个暂时的好方法，在猫咪厌食的时光里，确保它能获得足够的营养，以此来对抗病魔。

很多猫家长初次听到医师提起"食道喂管"，都会觉得很恐怖、很舍不得。但其实一点儿也不可怕，一定要在猫咪身体状况还没衰弱到无法承受手术前赶紧安排，越快越好，建立一个良好的通道输送养分，会比每天追着猫咪，抓着它强灌食物更省时省力。

更何况，猫咪天生不喜欢别人强迫自己，现在生病已经很不舒服了，每天还要被家人追，疯狂把食物、药物塞进嘴里，要自己吞下去，反而会让它压力更大、更不舒服、更讨厌吃饭。食道喂管是一条柔软的硅胶管，安装手术相对简单、安全，只要身体可以承受麻醉，猫咪也不会觉得不舒服。

等到猫咪病好了，平安度过恢复期，医师判断它能自己吃饭的时候，拆除管子的那一天就到了！更棒的是，拆除管子不需麻醉，简单移除后缝几针就可以了。

该选择努力灌食，还是当机立断安装喂管？这取决于你与你的猫咪之间的默契。如果你的猫咪很配合地吞咽食物，没太多剧烈反抗，那么单靠针筒灌食就能达到很好的营养照护；但如果你的猫咪不受控制，或者一灌就吐，在这么不舒服、不情愿的状况下，请不要犹豫，告诉你的医师你将勇敢地和猫咪一起面对喂管。

居家饮食与照护指南

身体要对抗病魔，或者手术后组织修复需要营养与热量，不论是使用针筒强迫灌食，还是以食道喂管灌食，都是为了满足猫咪每天需要的营养。

针筒强迫猫咪进食比较费力，而使用食道喂管进食相对轻松，但不能因为太好喂就一次灌很多，推针筒的时候切记要慢，不然猫咪很容易反胃、呕吐。通常一天大约分 4~6 次喂食，每次注入食物前，先冲 10mL 的温水进管子里，灌食完再冲 10mL 的温水，把管壁上的食物残渣冲干净，避免管子堵塞。

喂食的分量，依照猫咪一天所需热量，分成等份喂食。假如这只猫咪一天需要的热量是 240kcal，在一天可以喂食 6 次的情况下，每 4 小时喂一次，每次喂 40kcal，市面上流质食物的商品大约 1mL 含 1kcal 热量，所以每次喂食的分量就是 40mL。

与你的医师讨论，准备好适当的食物，不论是特殊配方的流质罐头食品，还是本书设计的食谱，请按照猫咪需要的热量分配好喂食时间、每次喂食的分量，并且做好完整的记录。

每次喂完之后，都必须检查创口附近有没有清洗干净，是否保持干燥。大部分食道喂管的伤口只要照顾好，不必特别涂抹药膏。

我在临床上看到许多的病例，在勇于安装食道喂管后，终于使胶着的病情有了起色。装了喂管的猫咪，如果开始想吃东西，一样可以将食物端到它面前，让它自己吃，这条管子并不碍事。

虽然每天除了准备合适的食物，还要亲自喂猫咪吃饭，需要花上许多时间，有的人因此需要请假在家，也会减少许多休闲活动的时间，但是请相信我，这样的辛苦，一定会有回报。只要猫咪能恢复健康，这一点，绝对值得你用心付出。

不同疾病需要不同的营养支持，罹患肾脏病的猫咪，需要肾脏病的专门菜单，心脏病、胰腺炎、炎症性肠病等都需要不同的菜单。请在第 4 章中寻找对应疾病的食谱，如果你的猫咪没有特殊的疾病，只是胃口变差、不爱吃东西，那请到第 3 章中寻找当季的食谱。接着，我们稍微将烹调方式做个调整，就能制作出对应不同疾病的灌食食物了。

自制厌食猫咪食物的步骤

步骤 1　　在本书中挑选一份合适的食谱

步骤 2　　准备器材：果汁机、量杯、滤网

步骤 3　　准备食谱中的食材、营养品

步骤 4　　依照食物的量，煮一小锅适量的滚水（大约浅浅淹过全部食物的水量）

步骤 5　　所有食材用果汁机打碎，倒入滚水中一边搅拌，一边熬煮

步骤 6　　煮熟后放凉，加入营养品，再次用果汁机打成浆

步骤 7　　将滤网架在量杯上，把果汁机内的食物用滤网过滤到量杯中

步骤 8　　对照食谱中标识的热量，将温开水加入量杯中，直到跟热量的数字一样

　　　　　＊例如：本次准备的食谱分量中含热量 240 kcal，如果食物倒入量杯中大约只有 150 mL，那么加入温开水，加到量杯刻度 240 mL 处，此时食物的热量浓度就是 1 kcal/mL。

步骤 9　　将量杯内所有食物倒入果汁机内，第三次搅打均匀，然后再次过滤

步骤 10　按照准备的天数及一天喂食的次数分成等份，放入冰箱内保存，每次喂食前温热一份

　　　　　＊例如：本次准备分量为猫咪的一日份，每天预计喂食 6 次，就将 240 mL 的喂食食物分成 6 等份保存，每份约为 40 mL

版权贸易合同登记号 图字：01-2021-6077

图书在版编目（CIP）数据

猫咪这样吃更健康 ／ Dr. Ellie 著 ． —北京：电子工业出版社，2022.7
ISBN 978-7-121-43641-3

Ⅰ．①猫… Ⅱ．① D… Ⅲ．①猫—饲养管理 Ⅳ．① S829.35

中国版本图书馆 CIP 数据核字（2022）第 093403 号

责任编辑：周　林　　　　特约编辑：田学清
印　　刷：中国电影出版社印刷厂
装　　订：三河市良远印务有限公司
出版发行：电子工业出版社
　　　　　北京市海淀区万寿路 173 信箱　　邮编：100036
开　　本：720×1 000　1/16　印张：11.5　字数：202 千字
版　　次：2022 年 7 月第 1 版
印　　次：2024 年 11 月第 3 次印刷
定　　价：78.00 元

凡所购买电子工业出版社图书有缺损问题，请向购买书店调换。若书店售缺，请与本社发行部联系，联系及邮购电话：（010）88254888，88258888。

质量投诉请发电子邮件至 zlts@phei.com.cn，盗版侵权举报请发电子邮件至 dbqq@phei.com.cn。

本书咨询联系方式：25305573（QQ）。